高等职业教育电气自动化专业“双证课程”培养方案规划教材

The Projected Teaching Materials of “Double-Certificate Curriculum” Training for Electrical Automation Discipline in Higher Vocational Education

工程制图习题集

巩运强 主编

郭建尊 刘春梅 副主编

Engineering Drawing Exercise Book

人 民 邮 电 出 版 社

北 京

图书在版编目（CIP）数据

工程制图习题集 / 巩运强主编. -- 北京 : 人民邮电出版社, 2010.2（2013.9重印）
高等职业教育电气自动化专业“双证课程”培养方案规划教材
ISBN 978-7-115-21804-9

Ⅰ. ①工… Ⅱ. ①巩… Ⅲ. ①工程制图－高等学校：技术学校－习题 Ⅳ. ①TB23-44

中国版本图书馆CIP数据核字(2010)第012540号

高等职业教育电气自动化专业“双证课程”培养方案规划教材

工程制图习题集

◆ 主　　编　巩运强
　副 主 编　郭建尊　刘春梅
　责任编辑　李育民
◆ 人民邮电出版社出版发行　　北京市崇文区夕照寺街 14 号
　邮编　100061　　电子邮件　315@ptpress.com.cn
　网址　http://www.ptpress.com.cn
　北京艺辉印刷有限公司印刷
◆ 开本：787×1092　1/16
　印张：8.75　　　　2010年2月第1版
　字数：208千字　　　2013年9月北京第4次印刷

ISBN 978-7-115-21804-9

定价：21.00 元

读者服务热线：(010)67170985　印装质量热线：(010)67129223
反盗版热线：(010)67171154

内 容 提 要

本习题集与巩运强等编写的《工程制图》配套使用。

本习题集共 10 章，内容包括：制图基本知识与技能、投影基础、立体及其表面交线的投影、轴测图、组合体、机件的基本表示法、标准件和常用件的表示法、零件图、装配图和电气原理图。

本书可作为高职高专院校电气自动化、电气工程、电子信息、机电一体化等相关专业的教材，也可供工程技术人员使用。

高等职业教育电气自动化专业“双证课程”培养方案规划教材编委会

前 言

本习题集与巩运强等编写的《工程制图》配套使用。本套教材是根据教育部《高职高专教育工程制图课程教学基本要求》，参考国内出版的同类教材，结合作者多年的教学经验及各院校相关专业教学改革的经验编写而成的。

本习题集具有如下特点。

1. 所选题目难度适当，题型针对性强，便于学生辅助练习。

2. 采用最新技术制图与机械制图国家标准。

3. 组合体一章，按照书中叠加、切割和综合 3 种组合形式，精选有针对性的习题，便于学生系统掌握各种组合体的画图思路、读图方法和尺寸标注思路。

4. 机件的基本表示法一章，剖视图部分特别设置了大量便于初学者掌握的简单物体的剖视图的绘制，为绘制复杂物体的剖视图打下基础。

本书由巩运强任主编，郭建尊、刘春梅任副主编。其中巩运强编写第 1 章，郭建尊编写第 2 章，刘春梅编写第 3 章，郑州电力职业技术学院的薛慧编写第 4 章，王志刚编写第 5 章，牟丽君编写第 6 章，王守勇编写第 7 章，王春荣编写第 8 章，乔爱丽编写第 9 章，邹磊编写第 10 章。

本书由孙显佳、肖学东审校，他们对本书提出了很多宝贵的修改意见，在此表示诚挚的感谢！

本书在编写过程中参考了“参考文献”中所列的部分内容，得到了有关院校的大力支持与帮助，在此一并表示诚挚的感谢！

由于编者水平有限和编写时间仓促，书中难免存在错误和不妥之处，恳请广大读者批评指正。

编　者

2010 年 1 月

目录

第 1 章 制图基本知识与技能

1.1 字体练习

班级:　　　　姓名:　　　　学号:

机械制图标准序号名称件数重班元素尺寸平面几何点

量材料比例日期技术要求座架级位置投影变换垂直与

承箱体审核型底设工程公差度国立体平面轴测图透视形体平行三视图俯视王

思考绘制作用内容测绘螺纹联接工程机件组合体简化你我极限发展概念化消

规定上支架齿轮轴承序号法律焊接达方法计算机标准所以好高尚后面处理柱

1.1 字体练习

班级: 姓名: 学号:

A B C D E F G H I J K L M N O P Q R S T U V

W X Y Z 1 2 3 4 5 6 7 8 9 0 a b c d e f g h

i j k l m n o p q r s t u v w x y z α β γ φ π θ

Ⅰ Ⅱ Ⅲ Ⅳ Ⅴ Ⅵ Ⅶ Ⅷ Ⅸ Ⅹ Ⅺ Ⅻ $ ‰ ¥ ∞

1.2 线型练习 班级: 姓名: 学号:

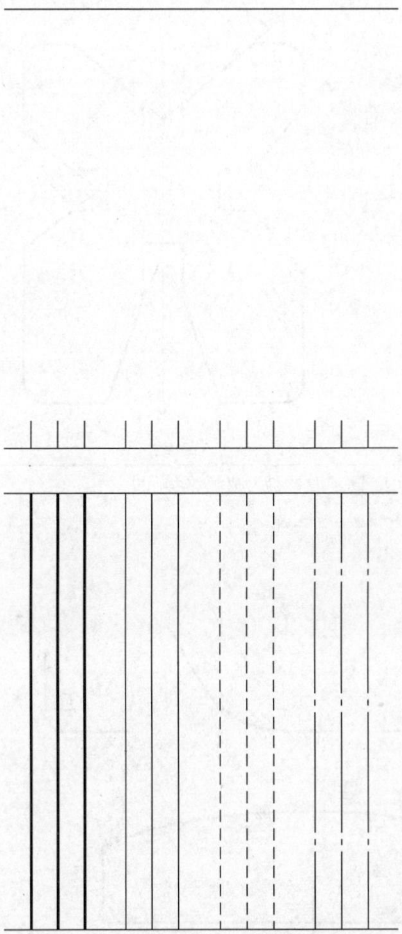

1. 参照左图抄画图线。

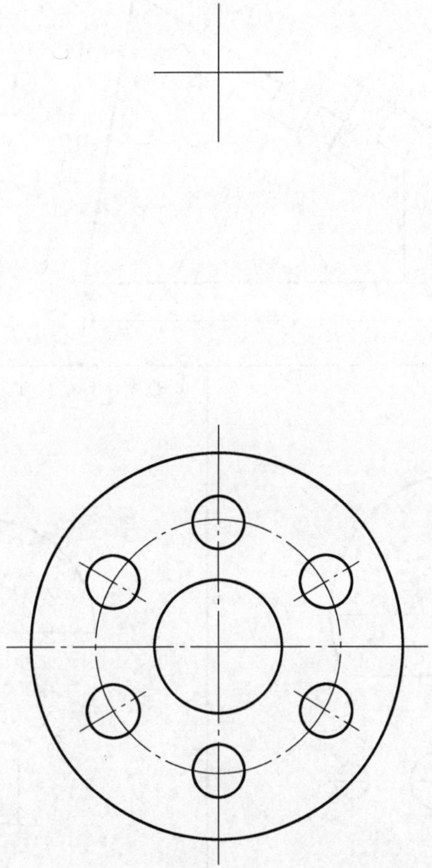

2. 参照左图抄画图线。

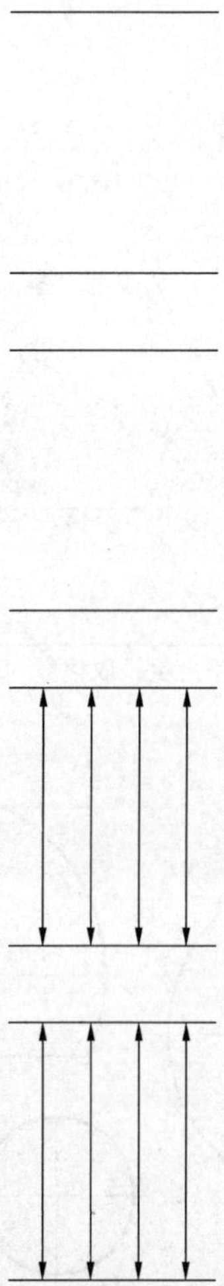

3. 参照左图抄画图线。

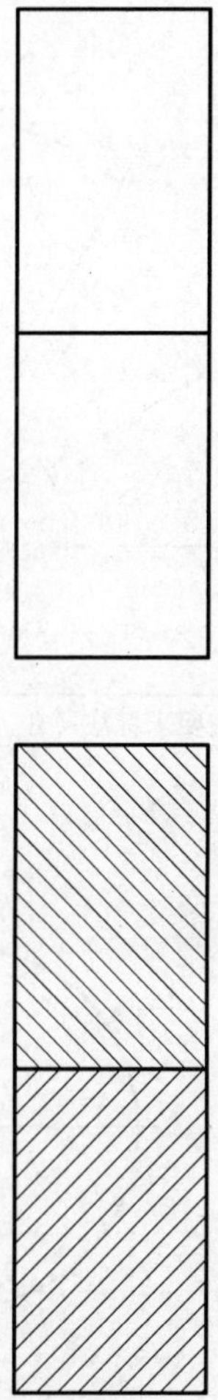

4. 参照左图抄画图线。

1.3 尺寸标注 班级： 姓名： 学号：

1. 按要求标注尺寸，数值从图中度量，取整数（线性尺寸）。

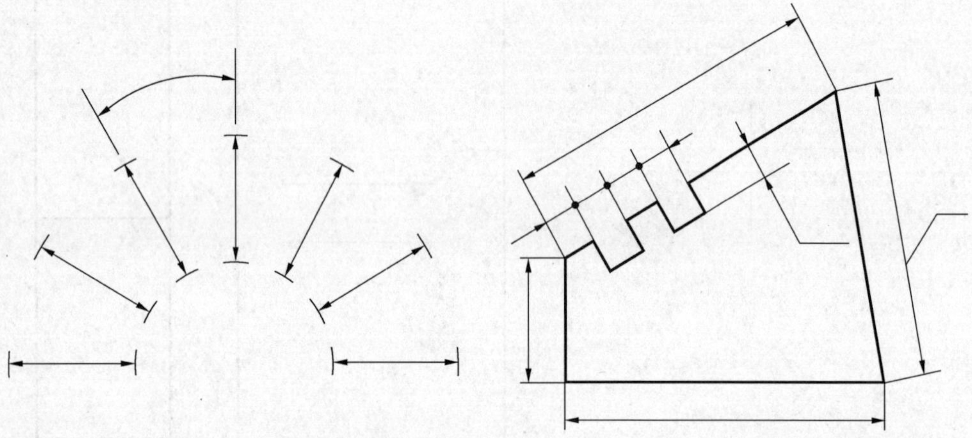

2. 按要求标注尺寸，数值从图中度量，取整数（角度）。

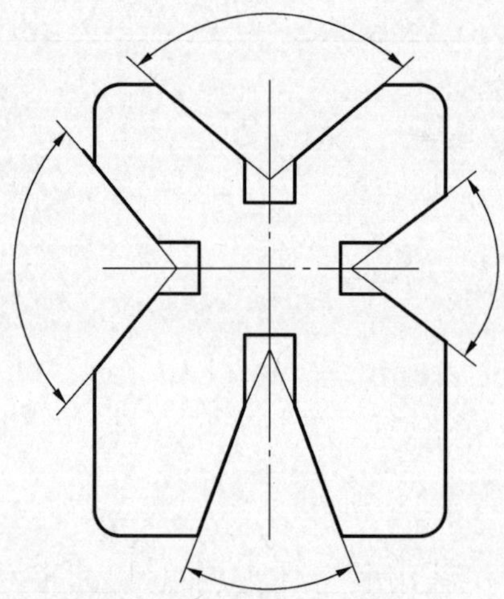

3. 按要求标注尺寸，数值从图中度量，取整数（圆的直径）。

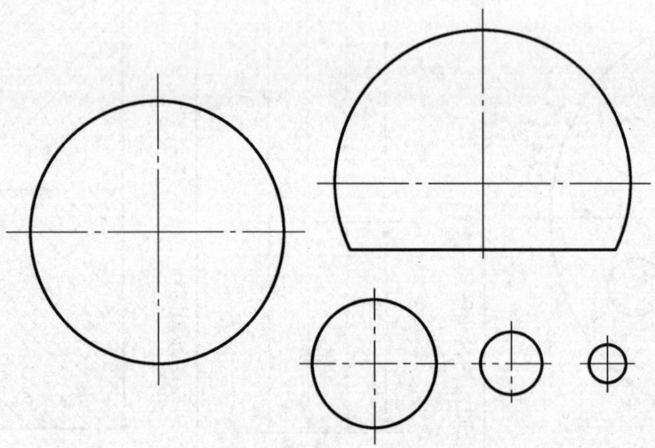

4. 按要求标注尺寸，数值从图中度量，取整数（圆弧半径）。

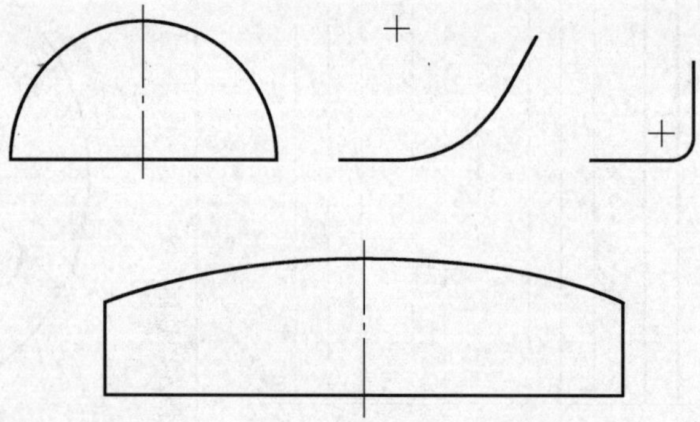

1.3 尺寸标注

班级: 姓名: 学号:

5. 指出上图中尺寸标注的错误，并在下图中正确标注。

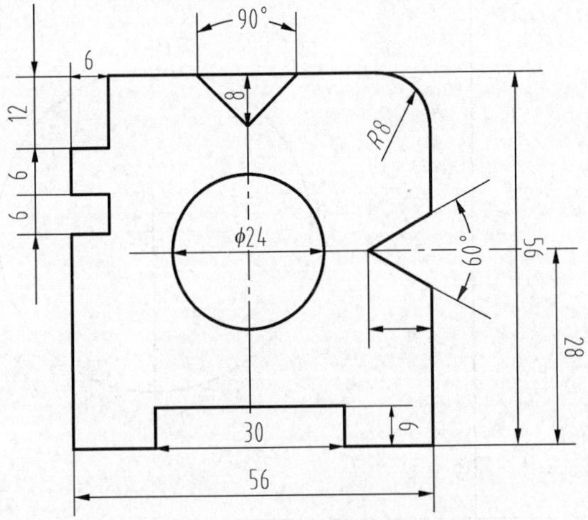

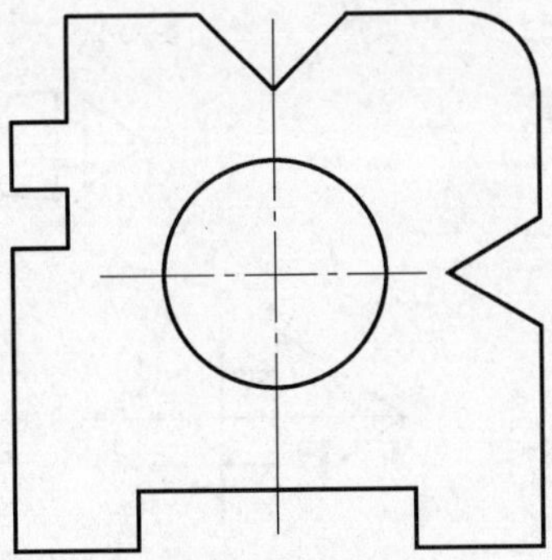

6. 标注下列平面图形的尺寸（数值从图中量取，取整数）。

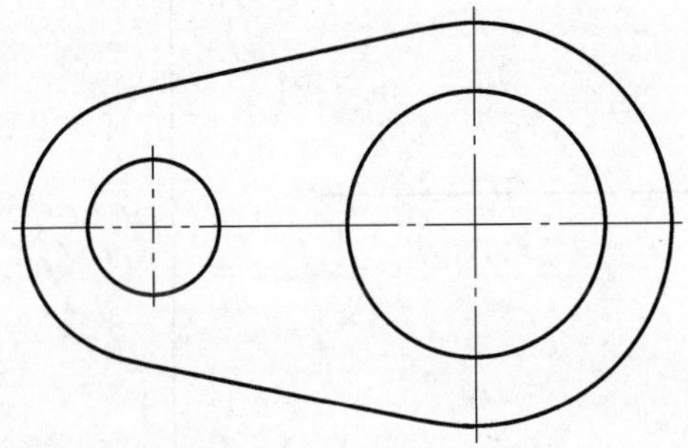

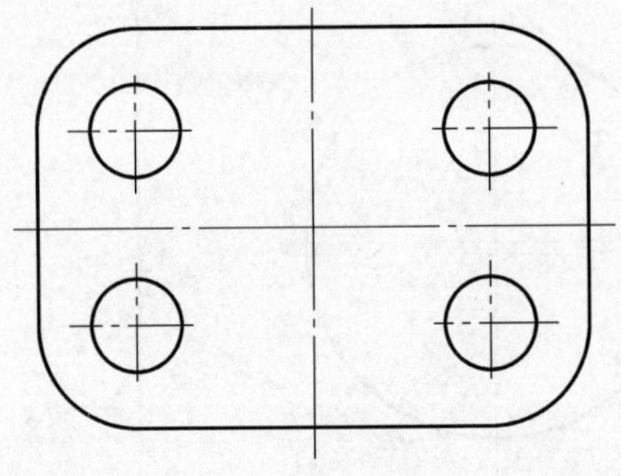

1.4 基本作图练习

班级：　　　　姓名：　　　　学号：

1. 将线段 *AB* 七等分。

2. 以 *AB* 为底边作正三角形。

3. 作圆内接正六边形。

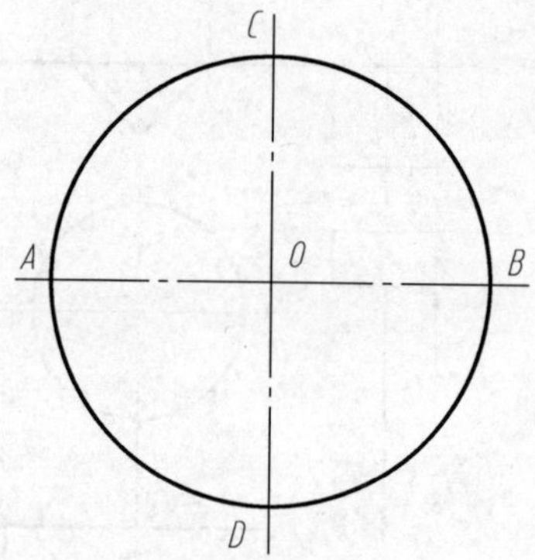

4. 作圆内接正五边形。

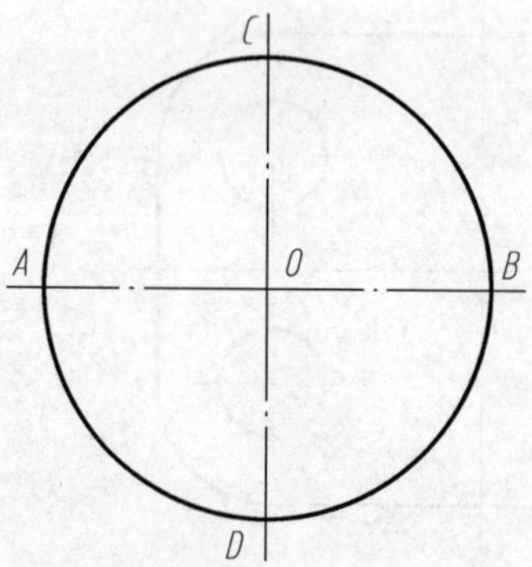

5. 参照右上角示意图，作 1∶9 斜度图形。

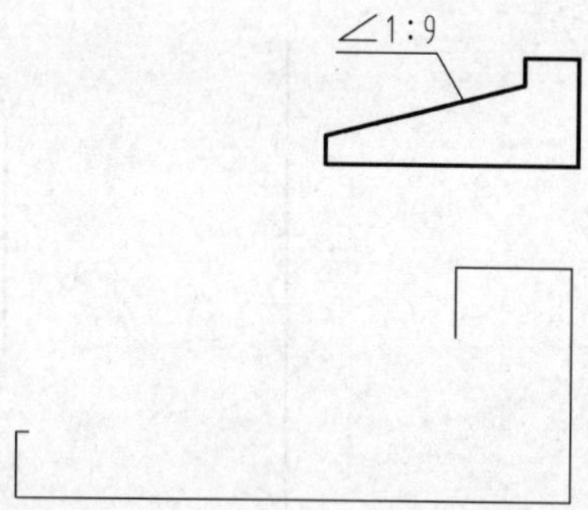

6. 参照右上角示意图，作 1∶3 锥度图形。

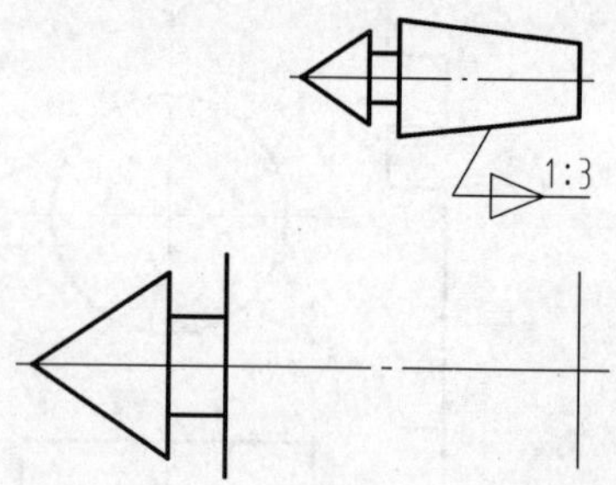

1.5 椭圆、圆弧连接

班级：　　　　姓名：　　　　学号：

1. 用四心法画椭圆（长轴 90mm，短轴 60mm）。

2. 参照图例按给定的尺寸作圆弧连接。

①

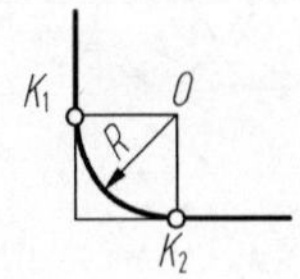

②

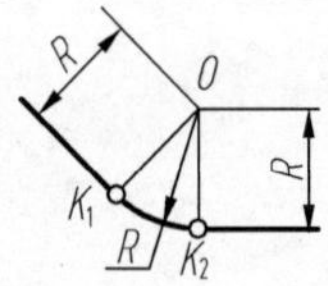

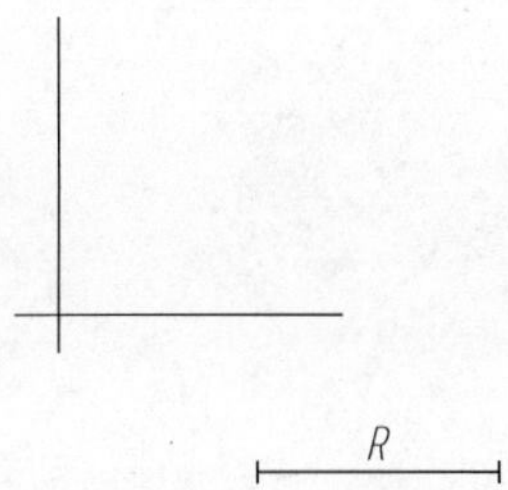

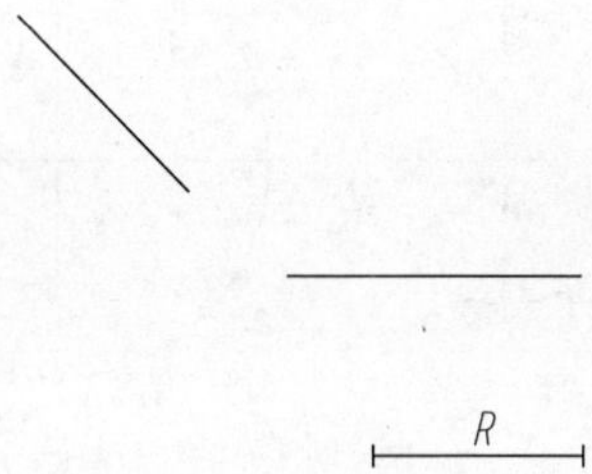

3. 参照图例按给定的尺寸作圆弧连接。

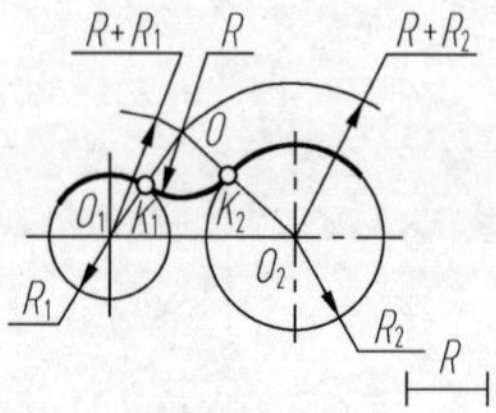

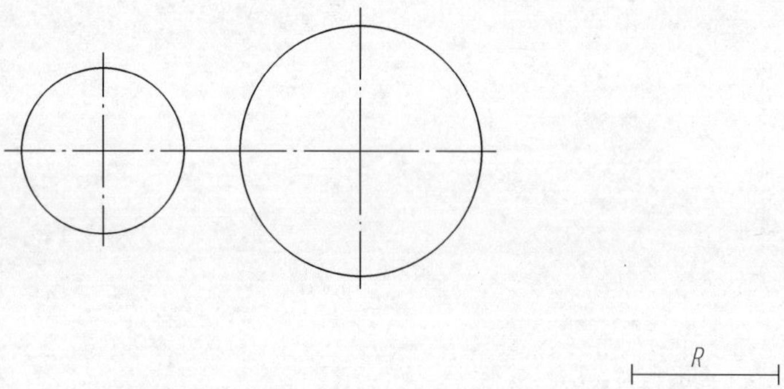

4. 参照图例按给定的尺寸作圆弧连接。

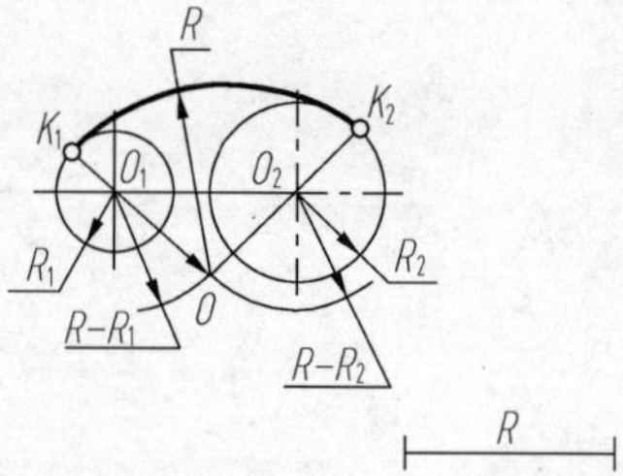

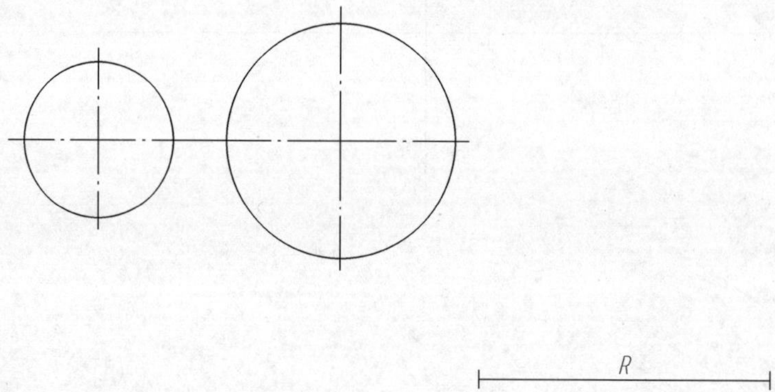

1.6 平面图形练习　　班级:　　姓名:　　学号:

1. 在 A3 图纸上，按 2:1 绘制下列图形，并标注尺寸。

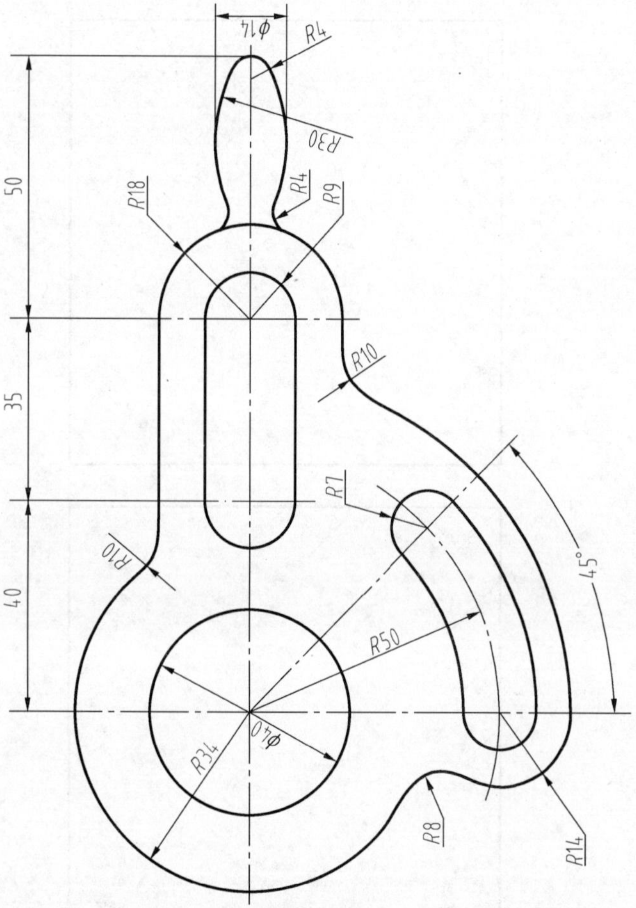

2. 在 A3 图纸上，按 2:1 绘制下列图形，并标注尺寸。

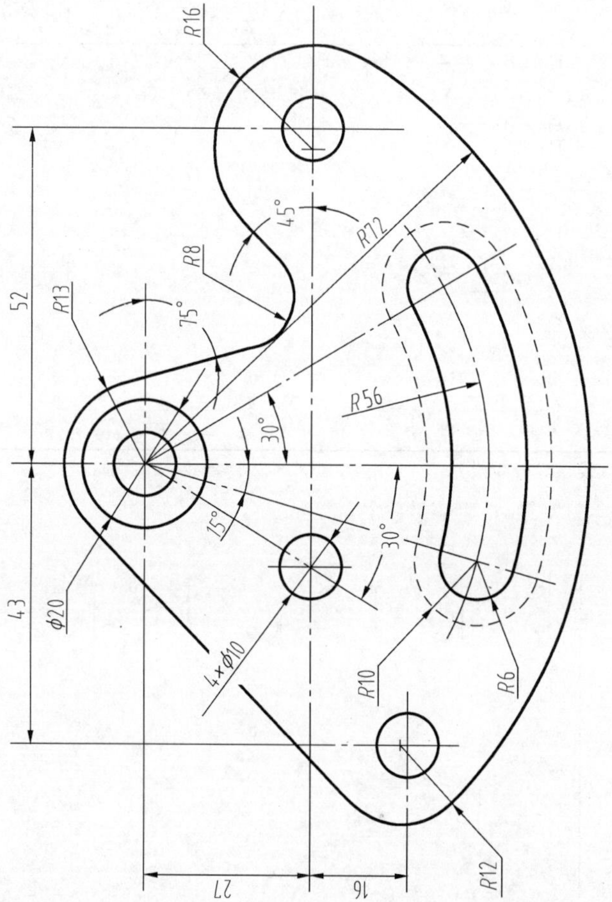

1.7 徒手绘图练习

班级：　　　　姓名：　　　　学号：

1. 水平线（等分线段）

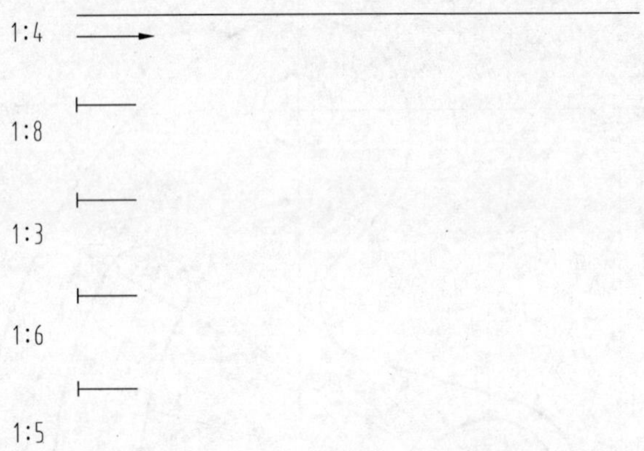

2. 垂直线（等分线段）

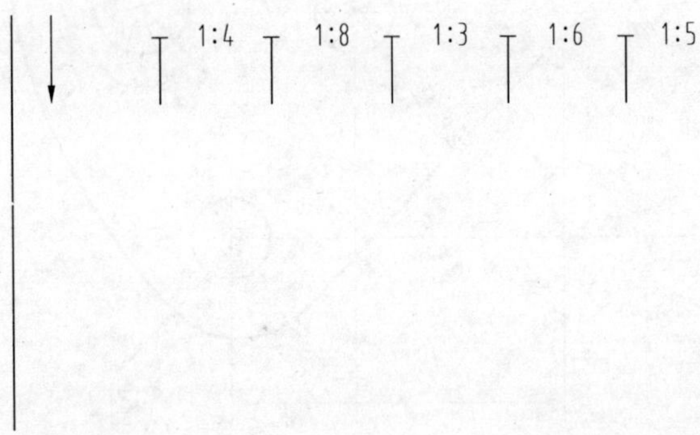

3. 画斜线

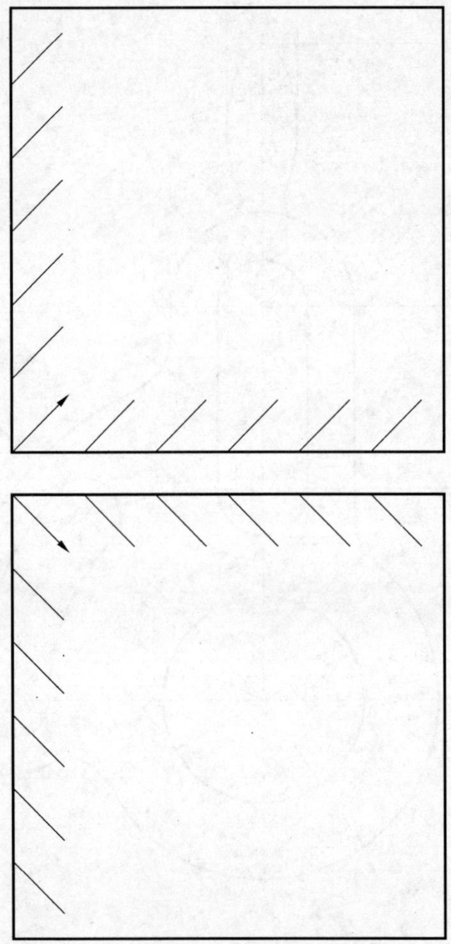

1.7 徒手绘图练习

班级:　　　　姓名:　　　　学号:

4. 圆

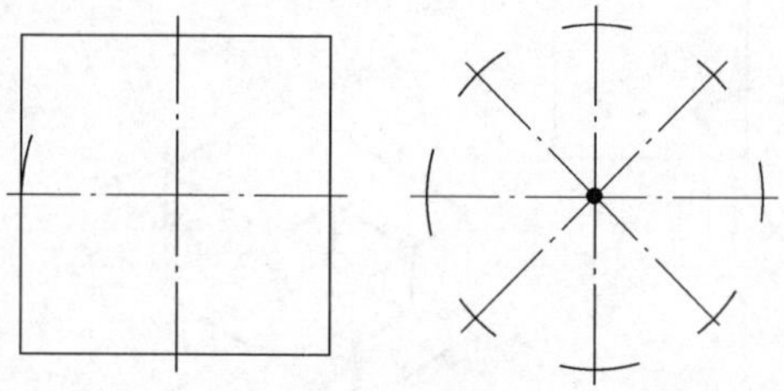

5. 椭圆

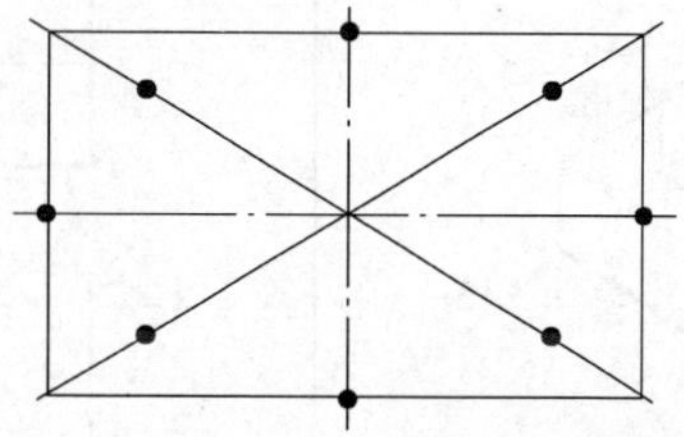

6. 圆弧（画对称侧）

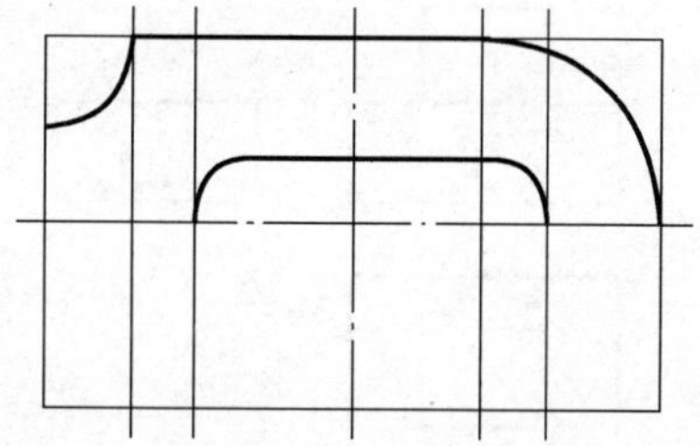

7. 角度

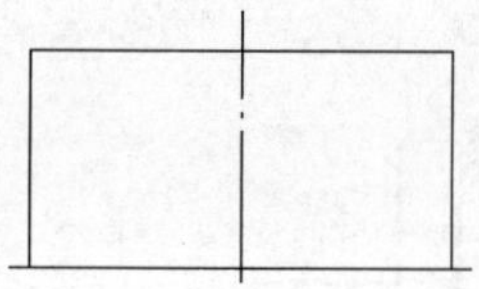

45°

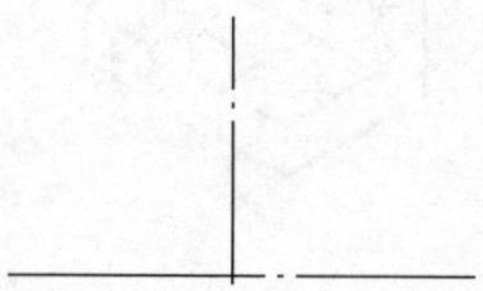

30°

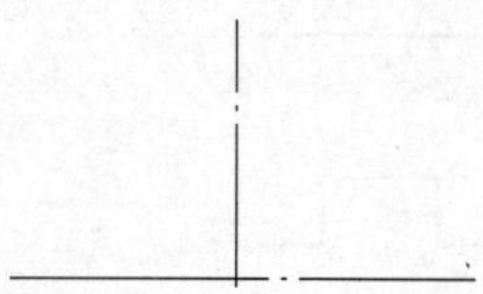

60°

8. 圆柱

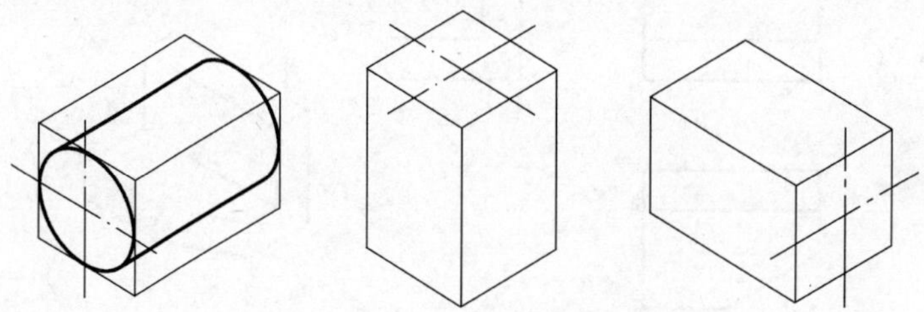

第2章 投影基础

2.1 认识三视图 班级: 姓名: 学号:

1. 根据轴测图，补画三视图中漏画的图线，并填空回答问题。

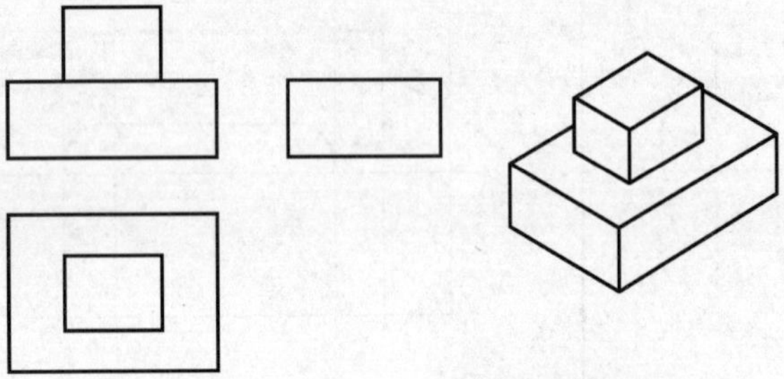

主视图与俯视图______。
主视图与左视图______。
俯视图与左视图______。

2. 根据轴测图，补画三视图中漏画的图线，并填空回答问题。

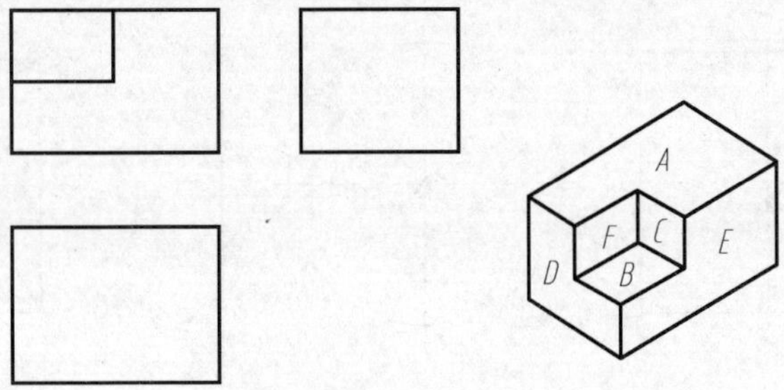

比较上下：*A* 面在____，*B* 面在____。
比较左右：*A* 面在____，*B* 面在____。
比较前后：*A* 面在____，*B* 面在____。

3. 根据轴测图，补画三视图中漏画的图线，并填空回答问题。

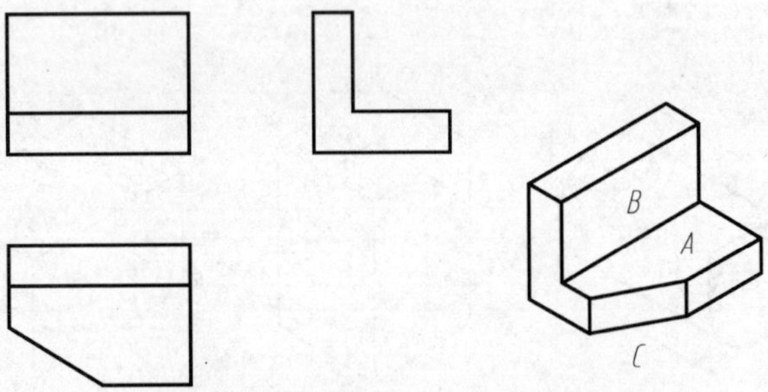

A 面平行于____面。
B 面平行于____面。
C 面平行于____面。在____面投影积聚成直线。

4. 根据轴测图，补画三视图中漏画的图线，并填空回答问题。

A 面与 *B* 面平行于____面
C 面垂直于____面，在____面投影积聚成直线。

2.1 认识三视图

班级：　　　　姓名：　　　　学号：

5. 根据物体的三视图找出对应的轴测图，在括号内填写序号。

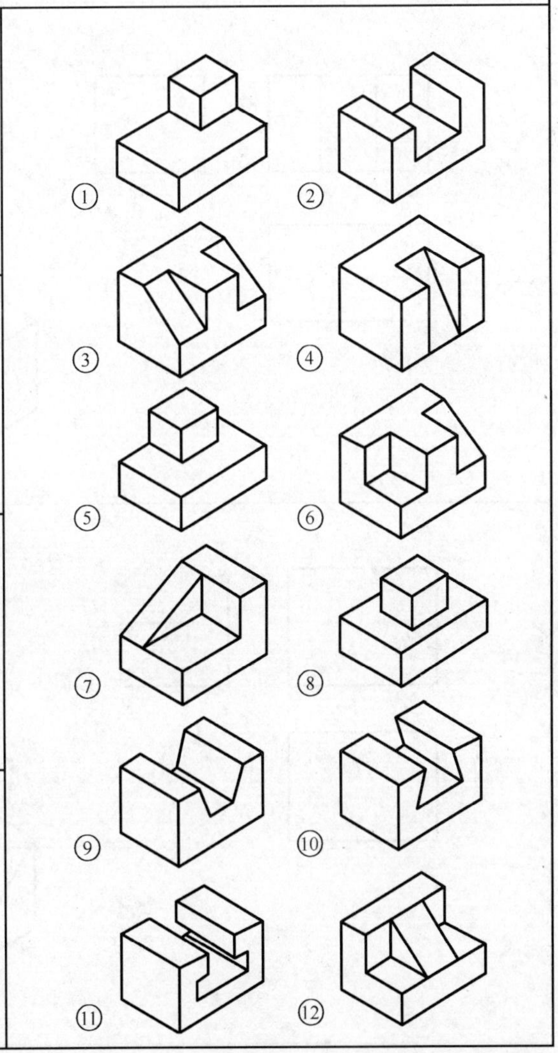

2.1 认识三视图	班级： 姓名： 学号：

6. 根据轴测图补画三视图中漏画的图线。

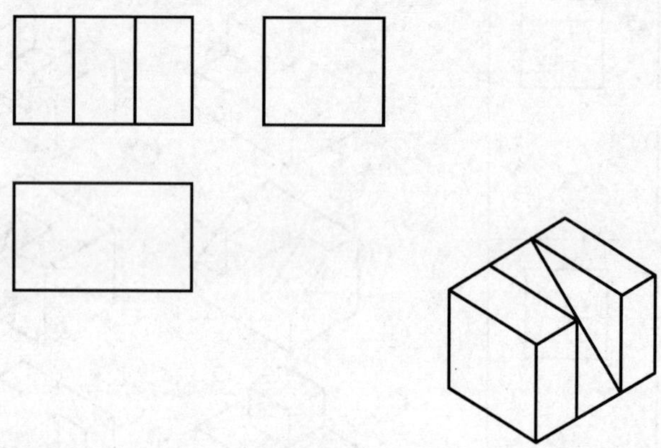

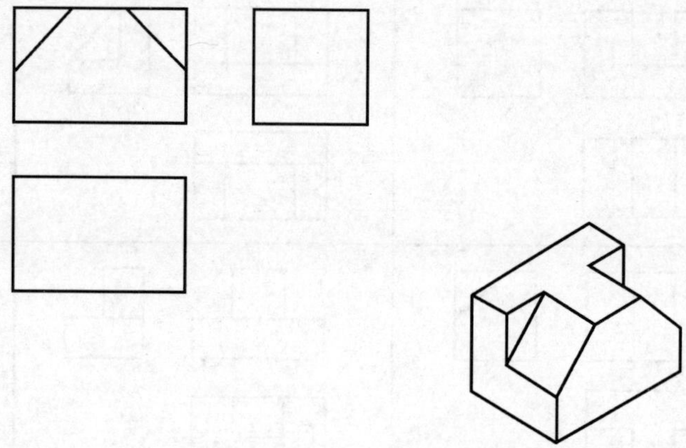

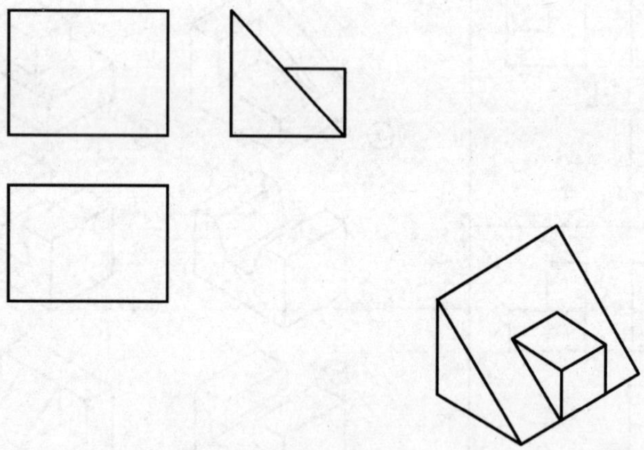

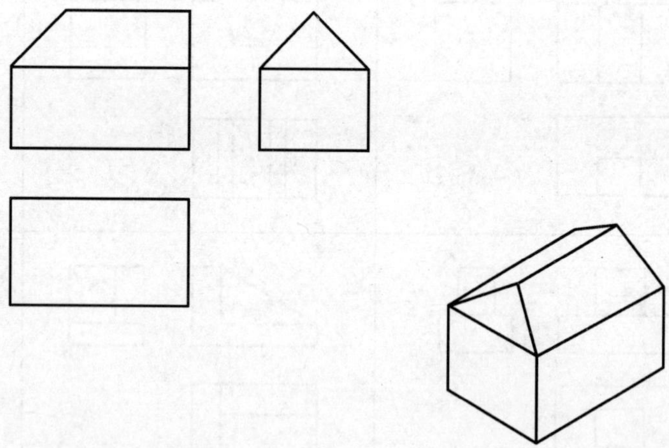

2.2 点的投影

班级：　　　　姓名：　　　　学号：

1. 根据直观图各点的空间位置，作出其投影图。

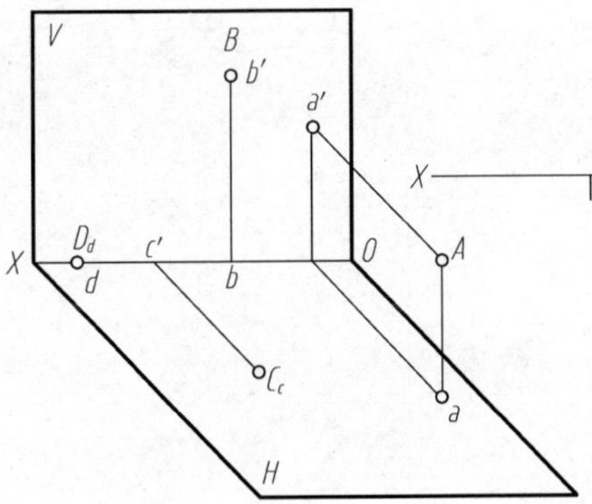

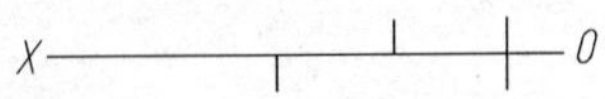

2. 作出 A（10，20，15）、B（15，0，20）、C（20，10，0）3 点的投影图和直观图。

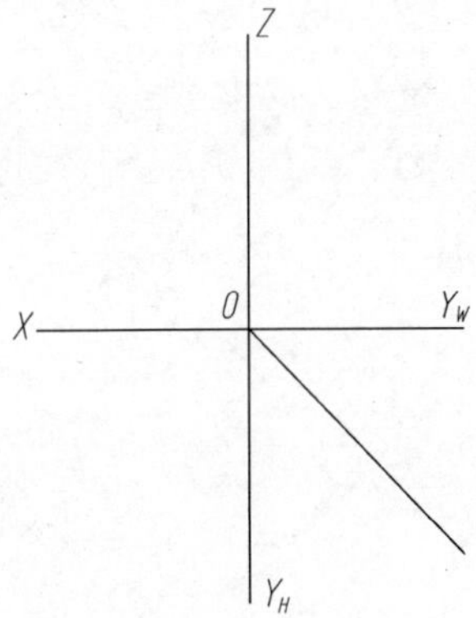

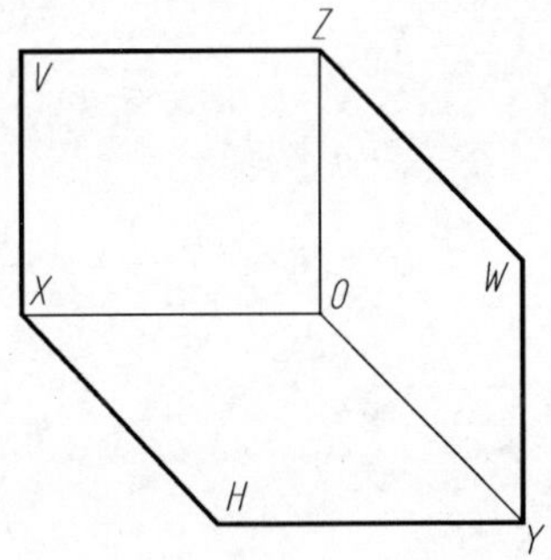

3. 作出 A（20，15，0）、B（0，20，25）、C（25，0，0）3 点的投影。

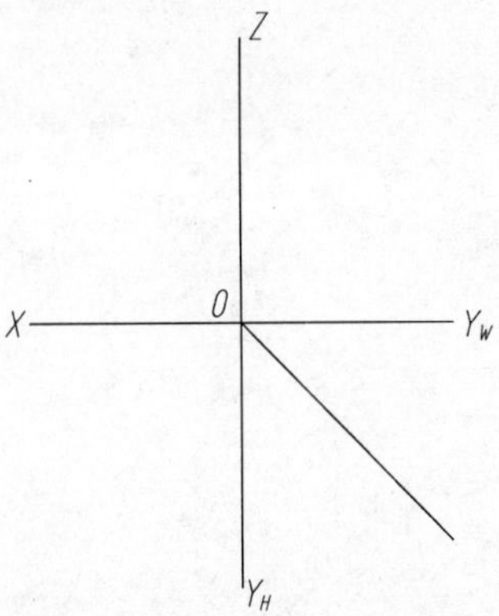

A 点在____面，
它的____坐标等于零。
B 点在____面上，
它的____坐标等于零。
C 点在____轴上，
它的____和____坐标均为零。

4. 根据点的两面投影，求出其第三投影。

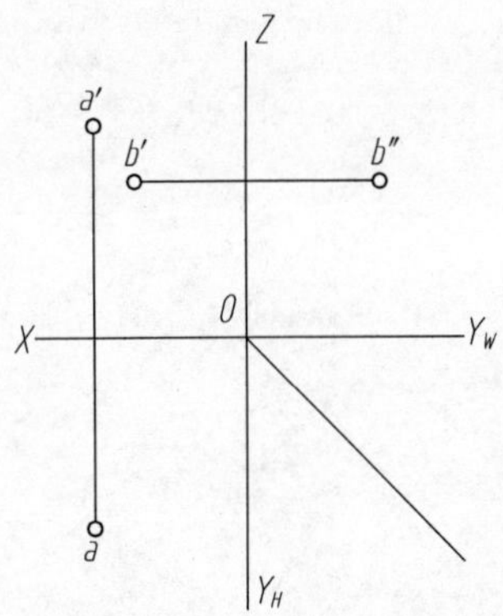

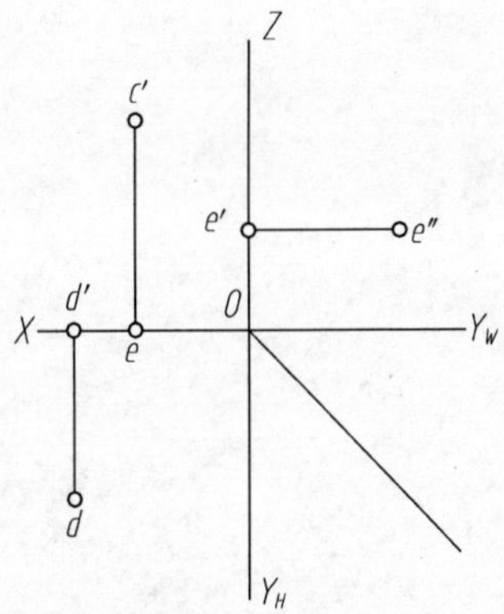

2.2 点的投影

班级:　　　　姓名:　　　　学号:

5. 已知 B 点在 A 点左方 30mm，在 A 点前方 10mm，比 A 点高 25mm；又知 C 点与 B 点同高，并且它的坐标 $X=Y=Z$。试作出 A、B、C 3 点的三面投影图。

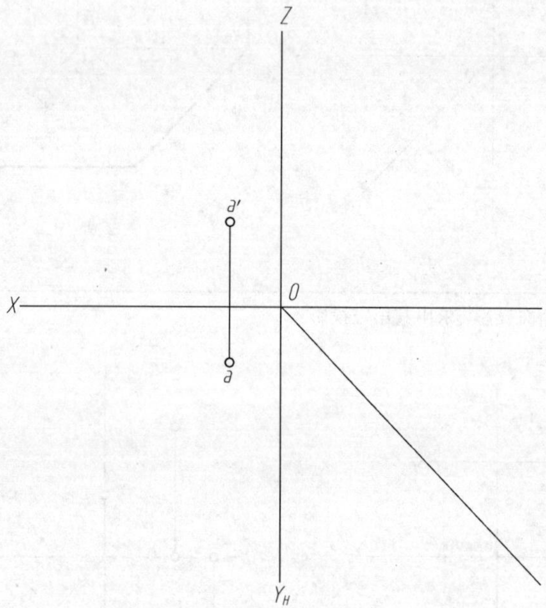

6. 已知 D(30，25，20)，E(30，25，25)，F(20，20，20)，G(30，20，20)，作出各点的投影图，并判别重影点的可见性（不可见的投影加上括号）。

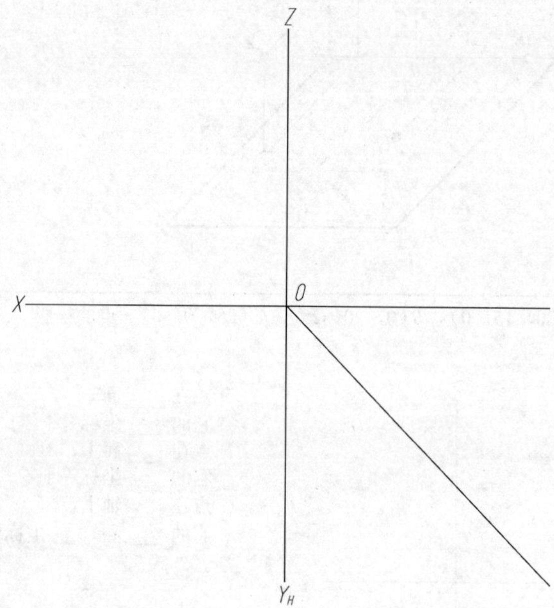

2.3 直线的投影

班级:　　　　姓名:　　　　学号:

1. 根据已知条件，作出直线 *AB*、*CD* 的三面投影：① *AB* 的端点坐标 *A*（20，10，8）、*B*（10，15，20）；② *CD* 的两面投影。

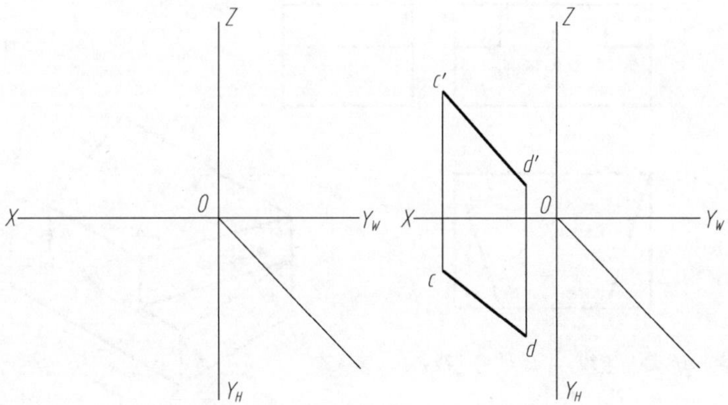

2. 根据已知条件，作出直线 *EF*、*GH* 的三面投影：① *F* 点距 *H* 面为 25mm；② *G* 点距 *V* 面 7mm。

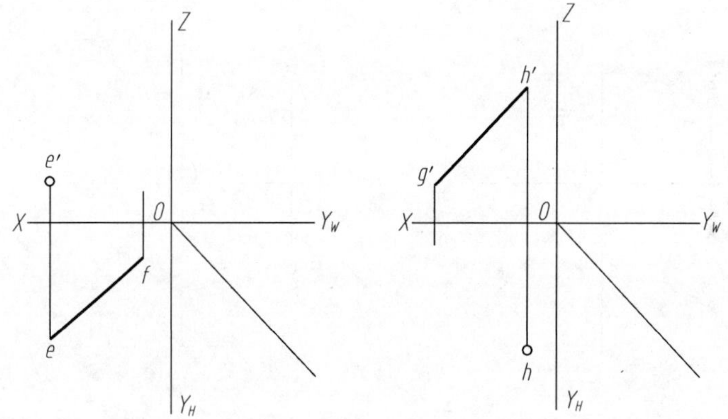

3. 判断下列直线的位置。

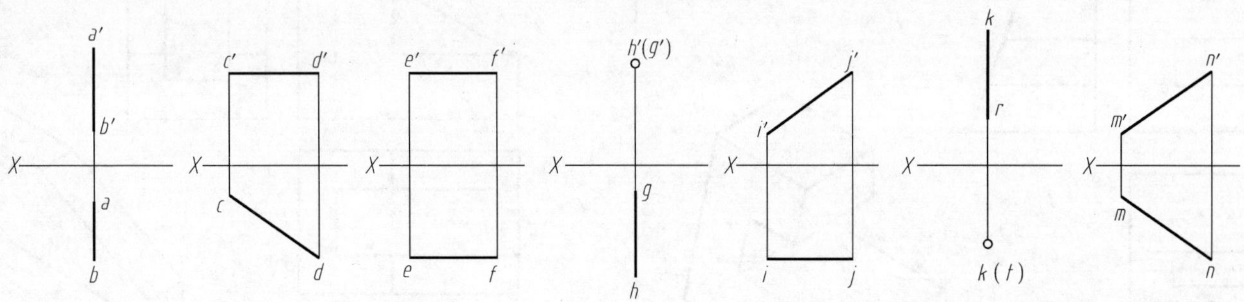

AB 是 ____ 线，　*CD* 是 ____ 线，　*EF* 是 ____ 线，　*GH* 是 ____ 线，　*IJ* 是 ____ 线，　*KL* 是 ____ 线，　*MN* 是 ____ 线，

2.3 直线的投影　　　　　　班级：　　　　姓名：　　　　学号：

4. 按下列已知条件作出直线 AB、CD 的三面投影（只作一个答案）：①AB 为水平线，AB=15mm，β=30°；②CD 为正平线，CD=20mm，α=45°。

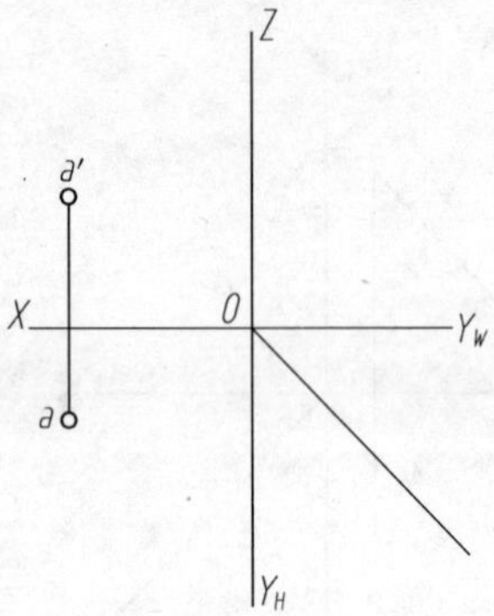

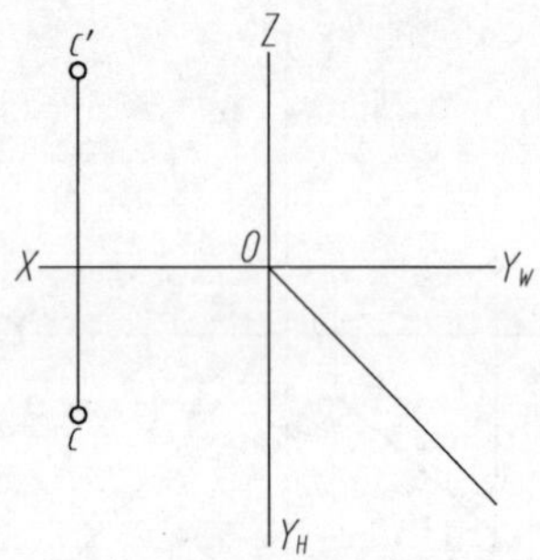

5. 对照轴测图，试在三视图中标出线段 AB、CD 的 3 个投影，并判别其相对位置。

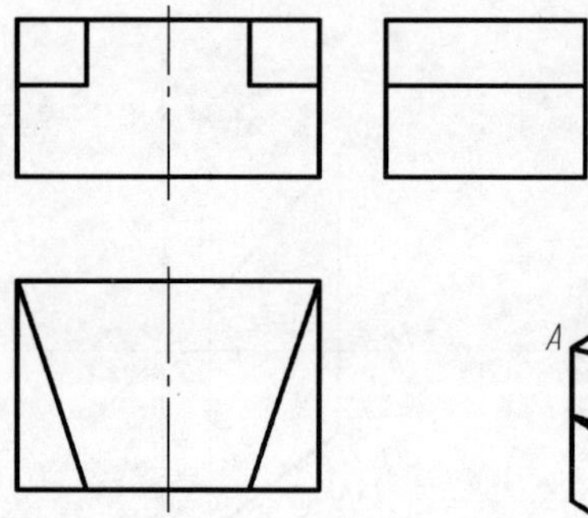

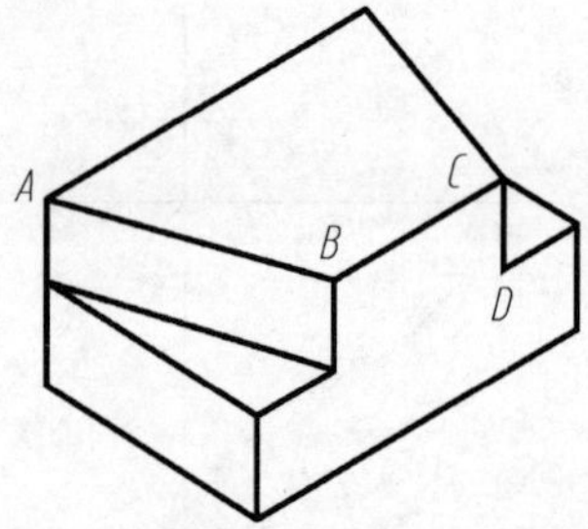

AB 是____线，CD 是____线，

6. 在三视图中标出线段 AB、CD 所缺的第三投影，在轴测图中标出 AB、CD 的端点，并判别其相对位置。

①

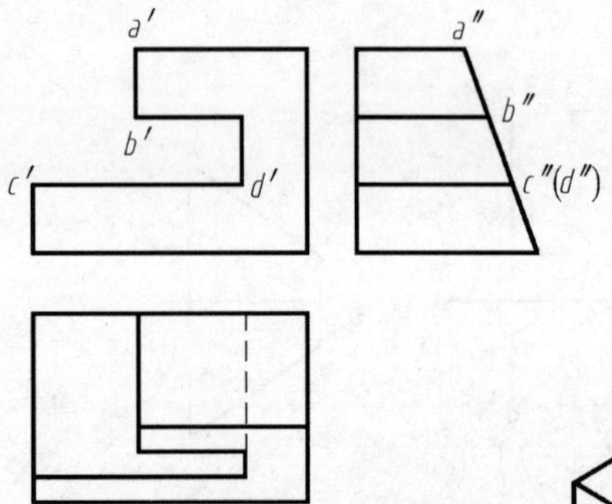

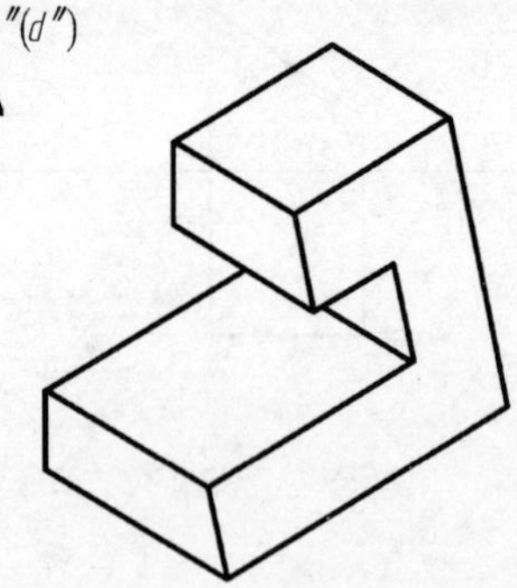

AB 是____线，CD 是____线。

②

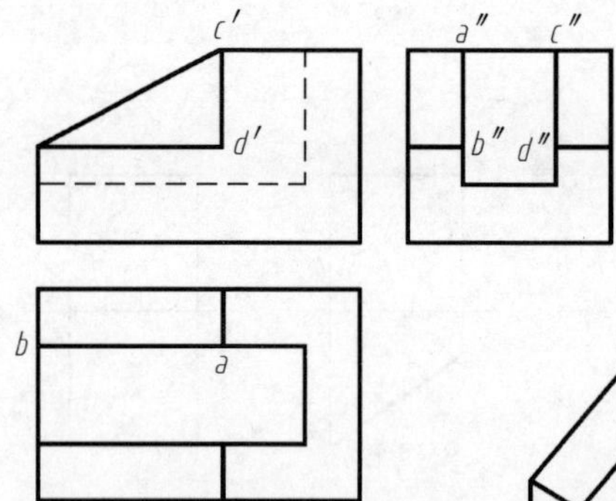

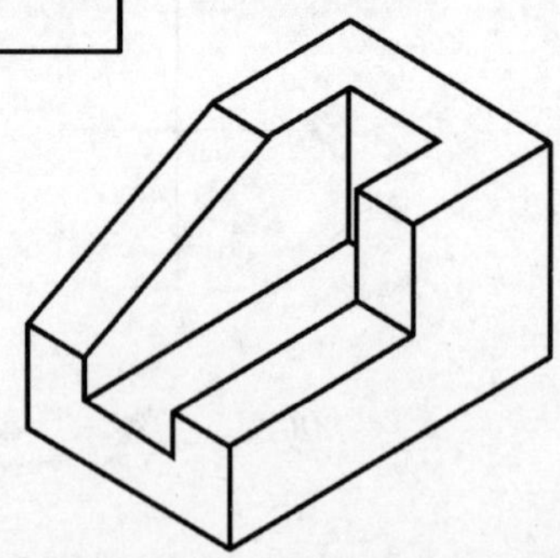

AB 是____线，CD 是____线。

2.3 直线的投影

班级：　　　姓名：　　　学号：

7. 在直线 EF 上求一点 P，使 P 与 H、V 面的距离之比为 1∶2。

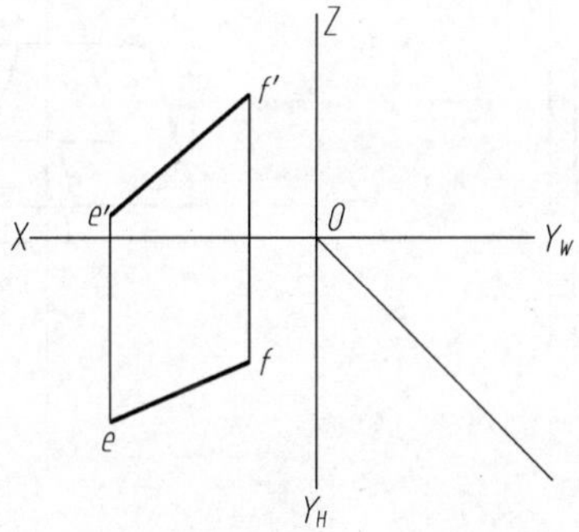

8. 在直线 AB 上作出 K 点的两面投影，已知 K 点距 V 面 15mm。

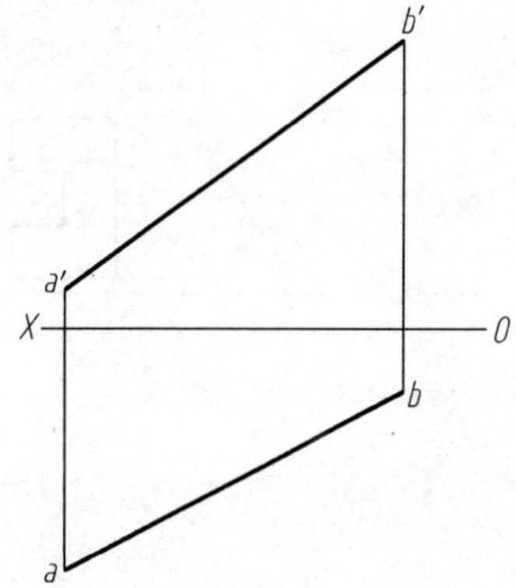

9. K 点在直线 CD 上，已知 K，求作 K'。

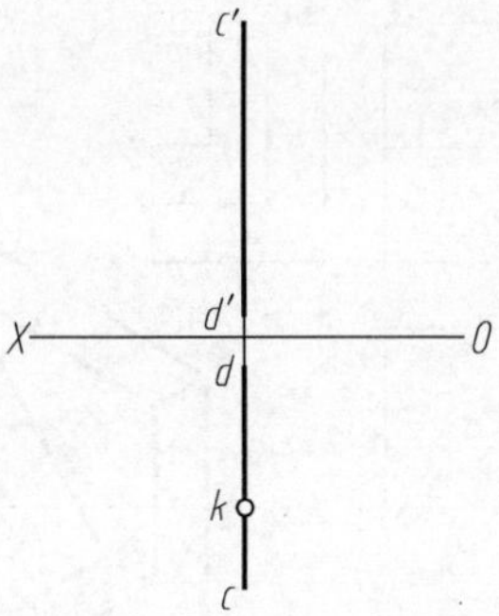

10. 在 EF 上求一点 P，使 P 点与 E 点的距离为 15mm，并补画出侧面投影。

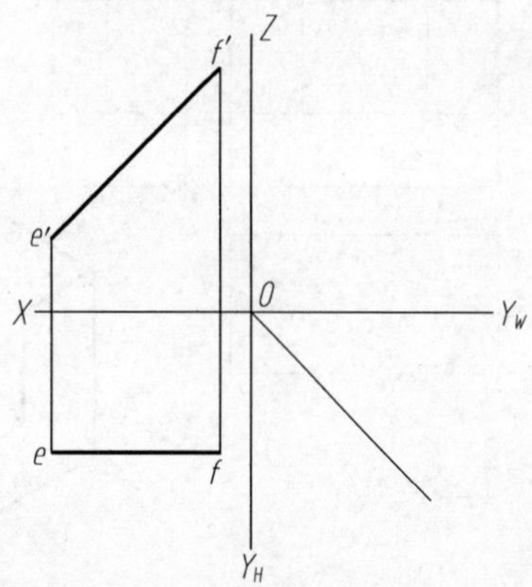

2.4 平面的投影

班级: 姓名: 学号:

1. 根据平面图形的两个投影，求作其第三投影，并判别平面的相对位置。

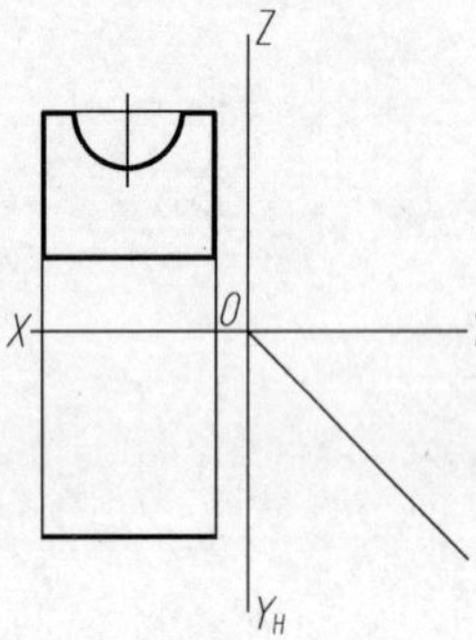

______面

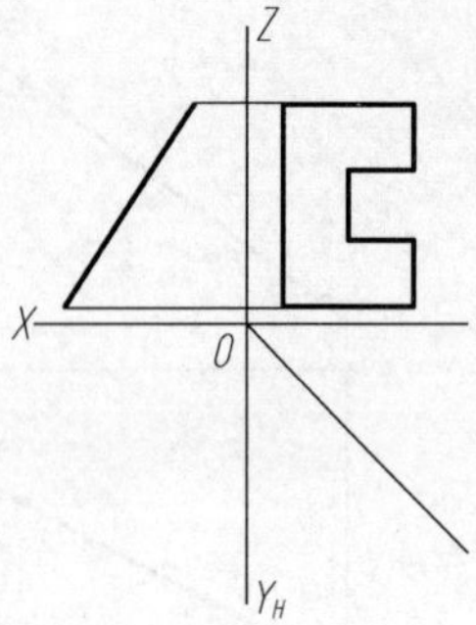

______面

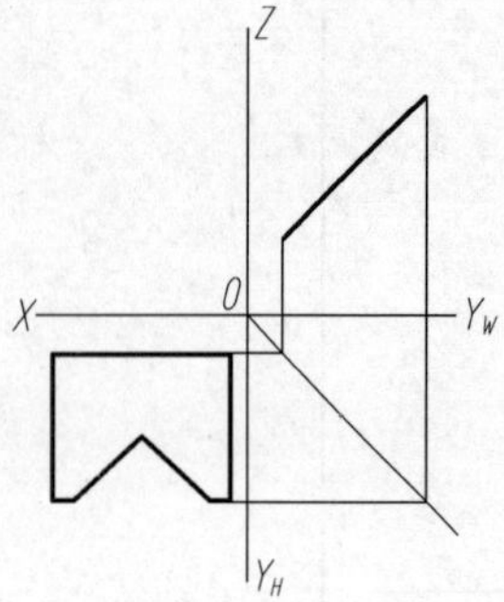

______面

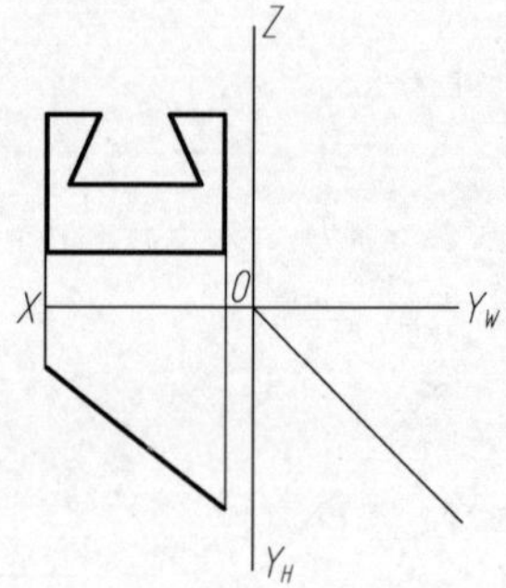

______面

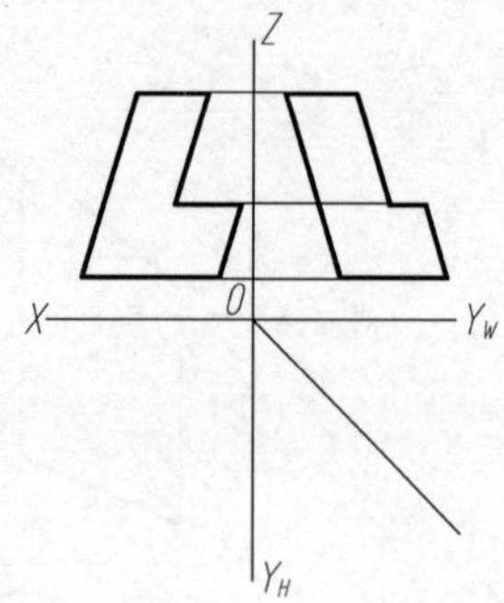

______面

2. 对照直观图，分别在立体的三面投影图上，将平面 *A*、*B* 的三面投影用粗实线描出，并判别其相对位置。

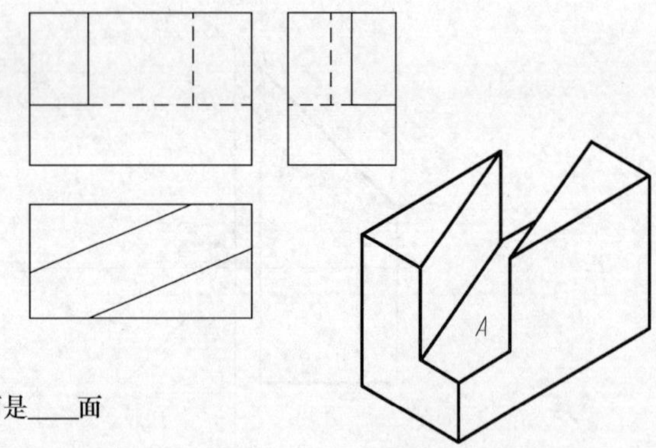

A 面是____面

B 面是____面

2.4 平面的投影	班级： 姓名： 学号：

3. 画出平面的第三面投影，判断各平面对投影面的位置，并标出各特殊位置平面对投影面的倾角。

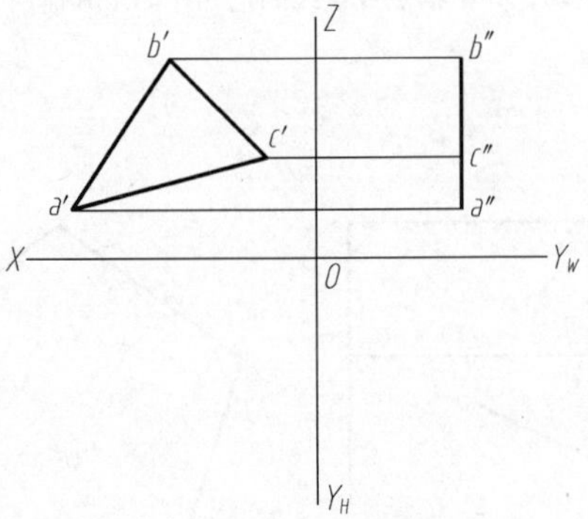

三角形是____面

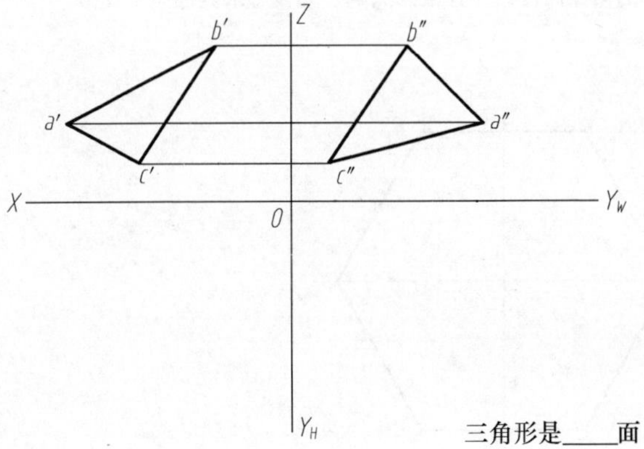

三角形是____面

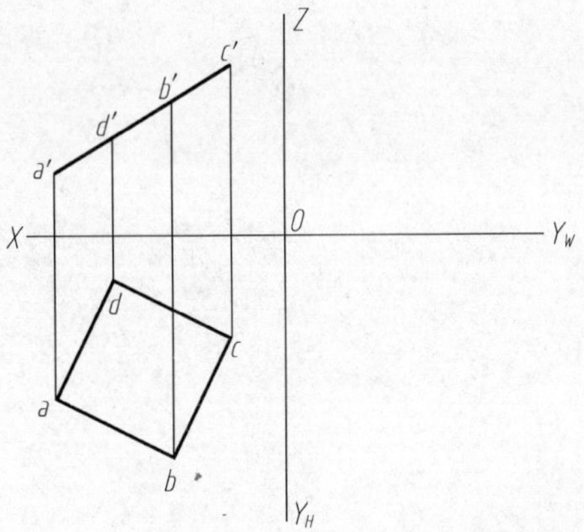

四边形是____面

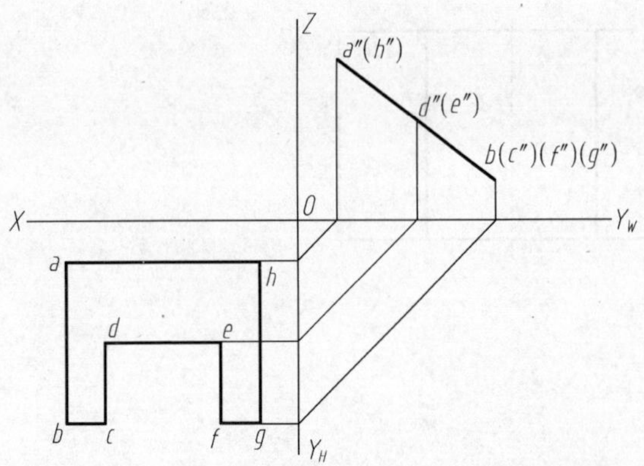

平面图形是____面

第3章 立体及其表面交线的投影

3.1 平面立体的投影

班级：　　姓名：　　学号：

1. 求下列立体的第三面投影，并根据点的已知投影求其他两个投影。

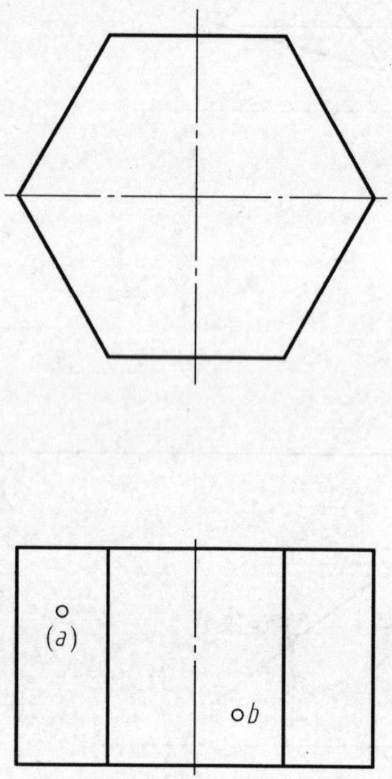

2. 求下列立体的第三面投影，并根据点或直线的已知投影求其他两个投影。

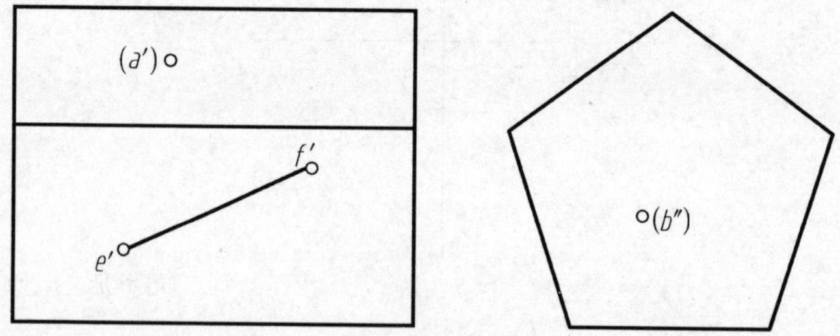

3.1 平面立体的投影

班级:　　　　姓名:　　　　学号:

3. 完成下列立体的水平投影，求出它们的第三面投影，并根据点的一个投影求出其另外两个投影。

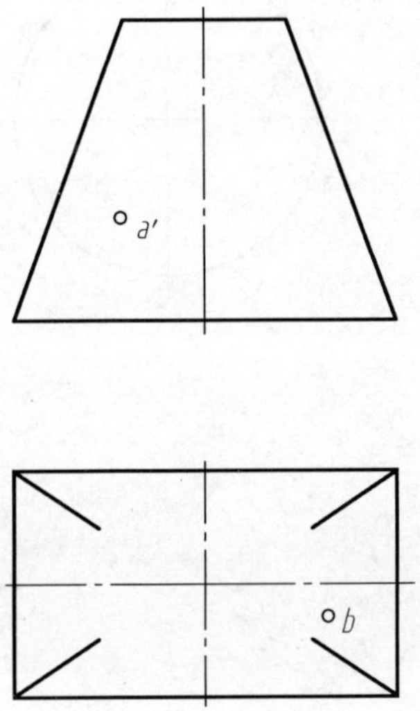

4. 完成下列立体的水平投影，求出它们的第三面投影，并根据点的一个投影求出其另外两个投影。

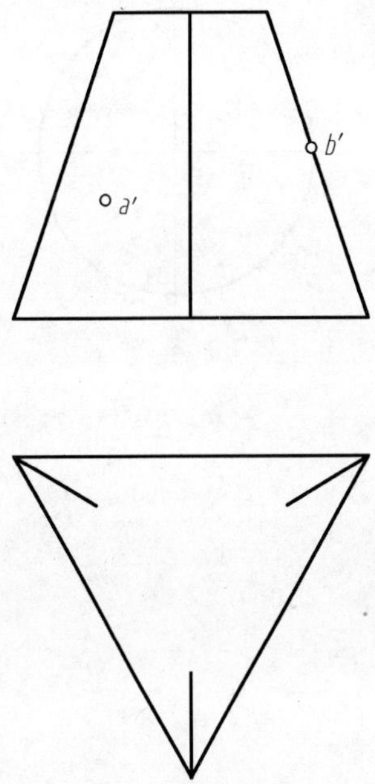

3.2 曲面立体的投影

班级：　　　　姓名：　　　　学号：

1. 求下列立体的第三面投影，并根据点或直线的已知投影求其他两个投影。

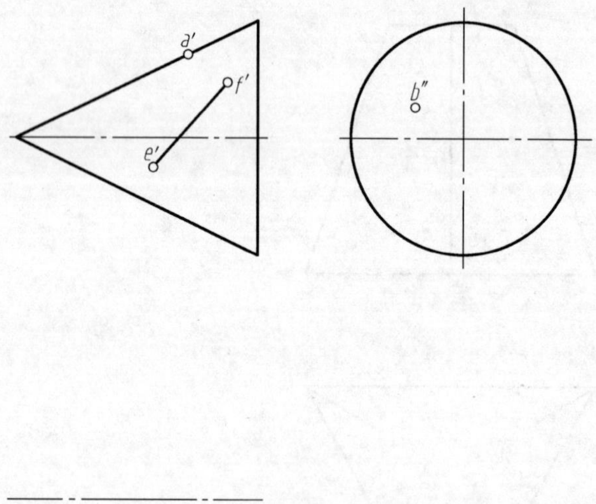

2. 求下列立体的第三面投影，并根据点或直线的已知投影求其他两个投影。

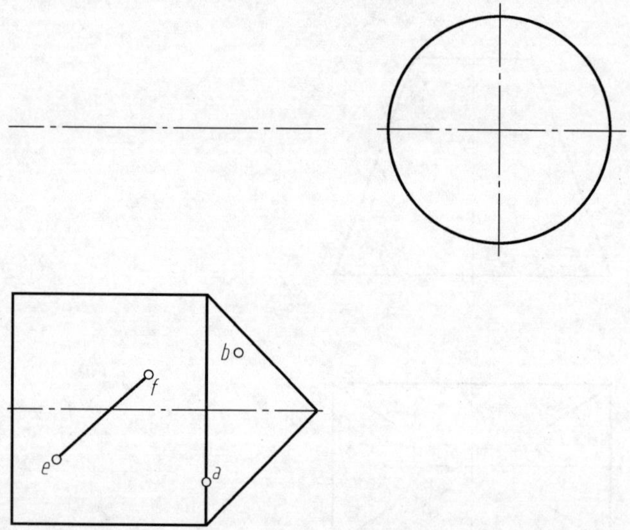

3. 求下列立体的第三面投影，并根据点的已知投影求其他两个投影。

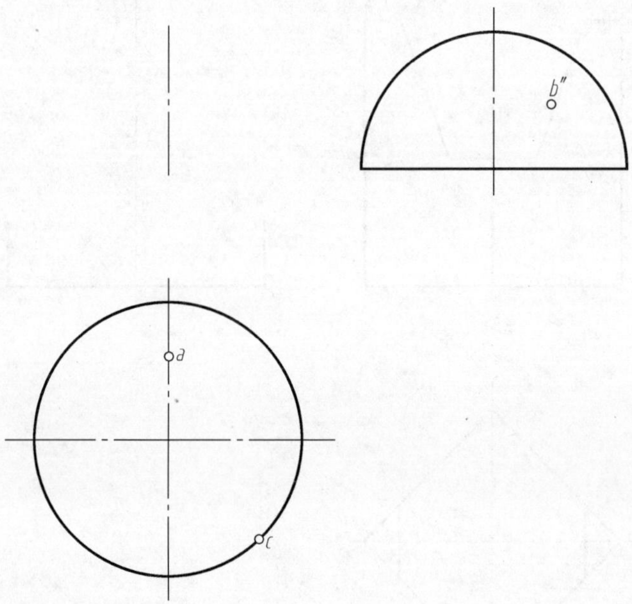

4. 求下列立体的第三面投影，并根据点或直线的已知投影求其他两个投影。

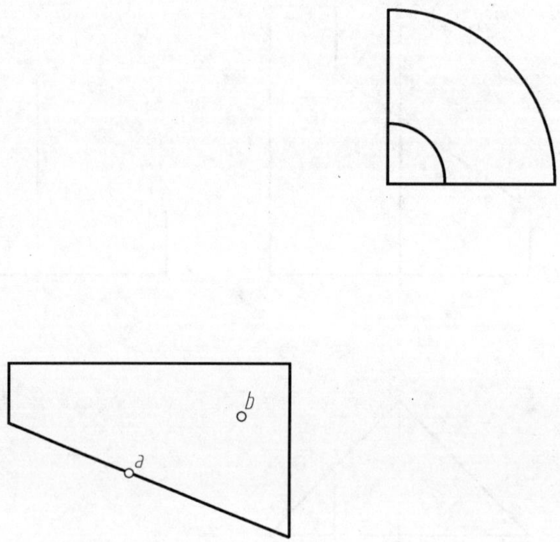

3.3 平面立体的截交线

班级:　　　　姓名:　　　　学号:

1. 完成截切平面立体的第三面投影。

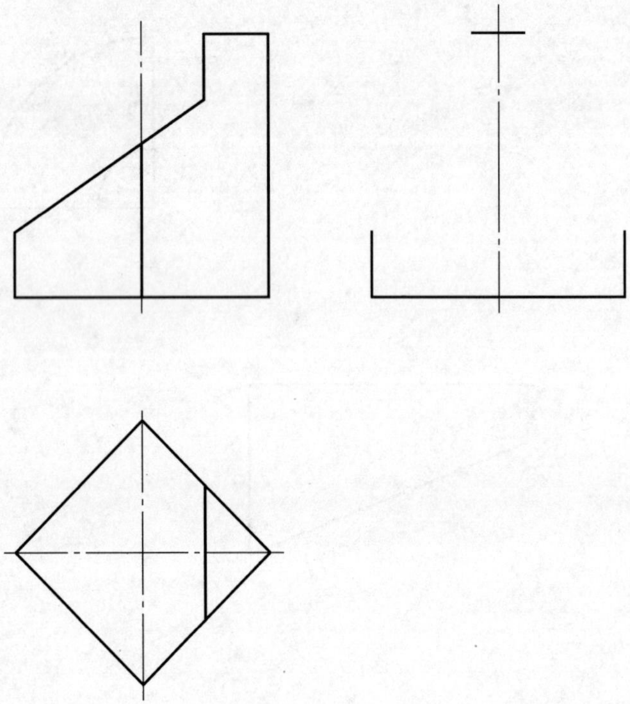

2. 完成截切平面立体的第三面投影。

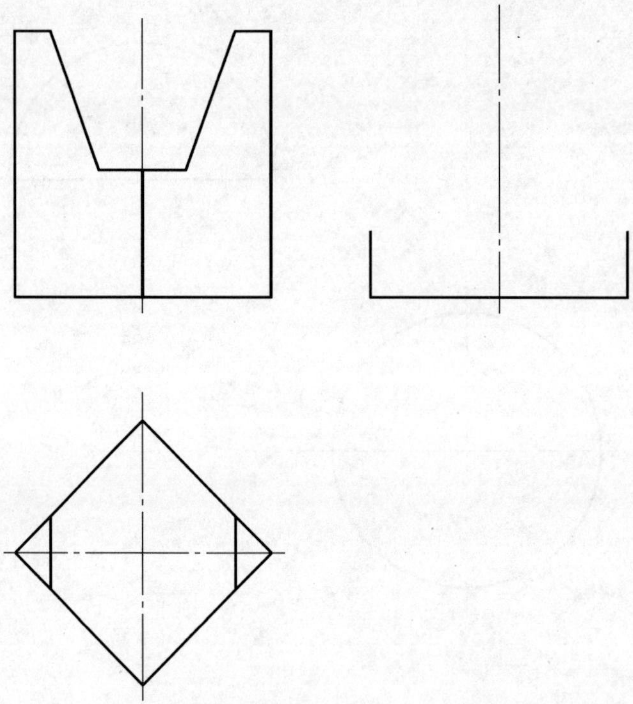

3. 完成截切平面立体的三面投影。

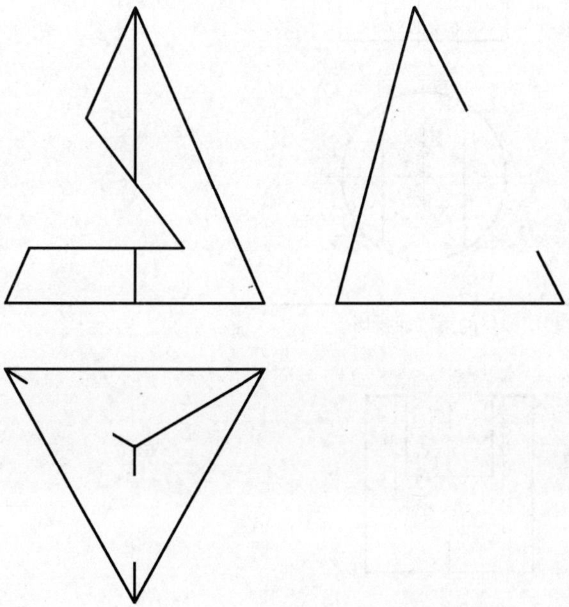

4. 完成截切平面立体的三面投影。

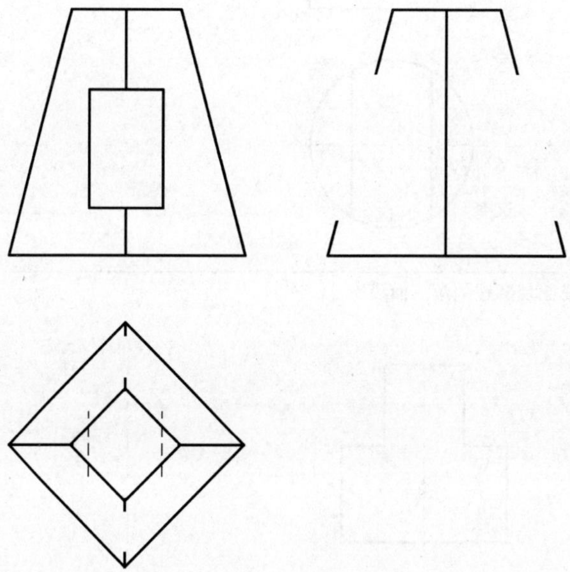

3.4 曲面立体的截交线

班级:　　　　姓名:　　　　学号:

1. 完成截切圆柱的第三面投影。

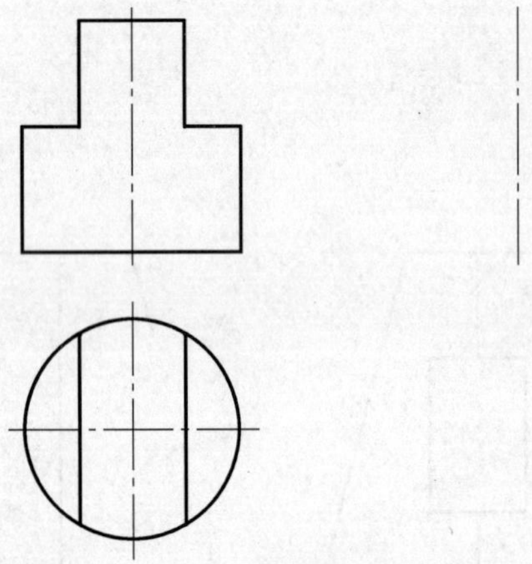

2. 完成截切圆柱的第三面投影。

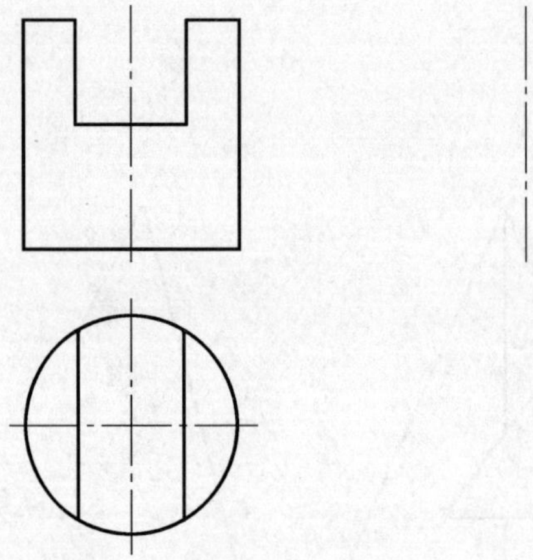

3. 完成截切圆柱的第三面投影。

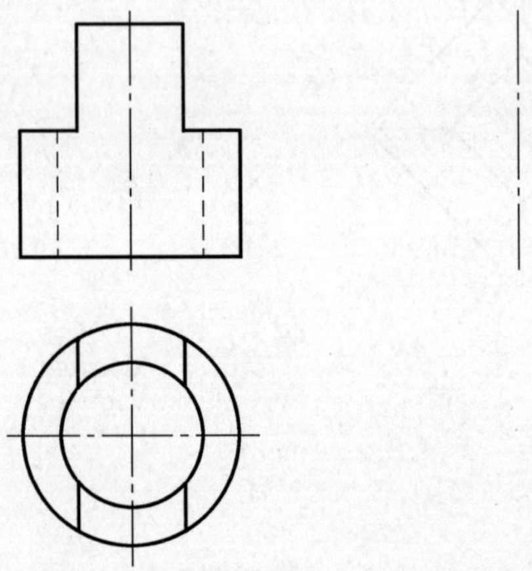

4. 完成截切圆柱的第三面投影。

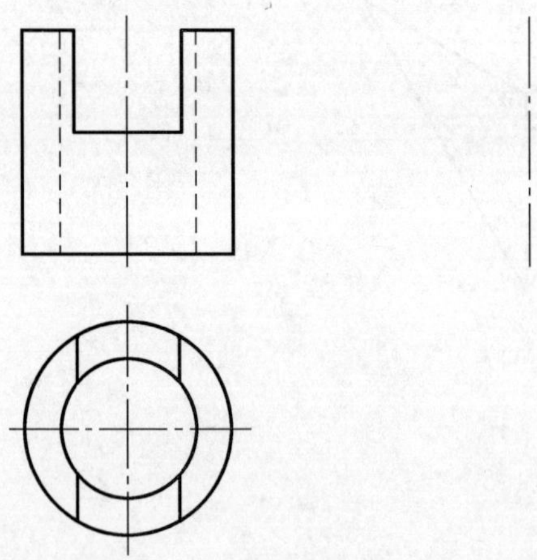

3.4 曲面交体的截交线

班级：　　　姓名：　　　学号：

5. 完成截切圆柱的三面投影。

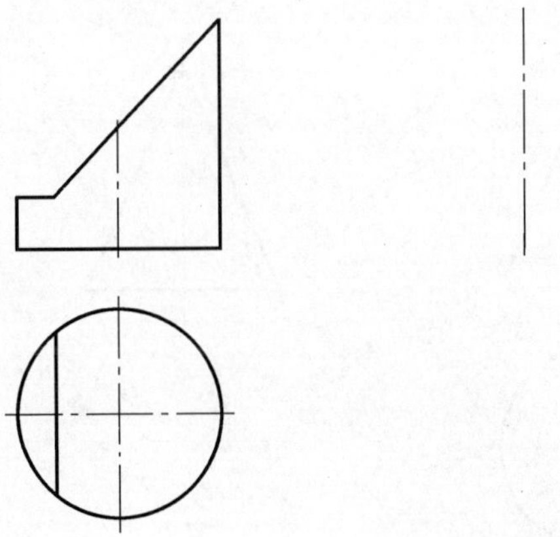

6. 完成截切圆柱的三面投影。

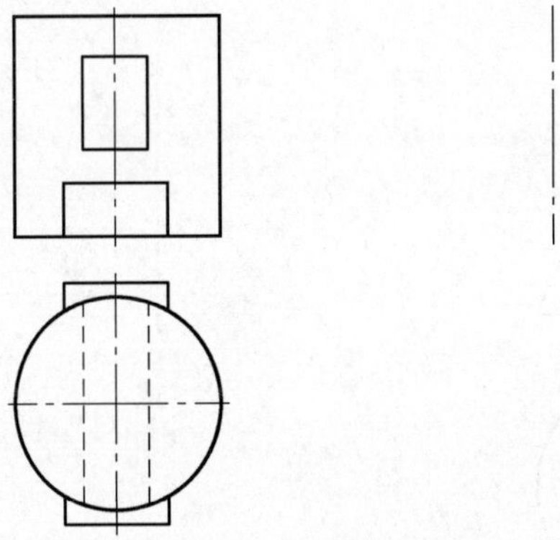

7. 完成截切圆柱的三面投影。

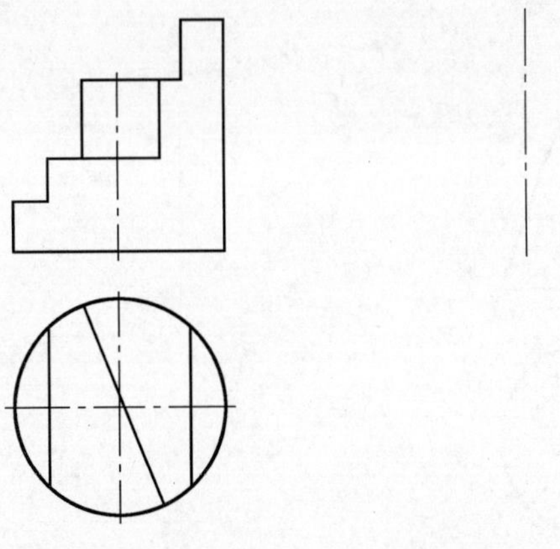

8. 完成截切圆柱的三面投影。

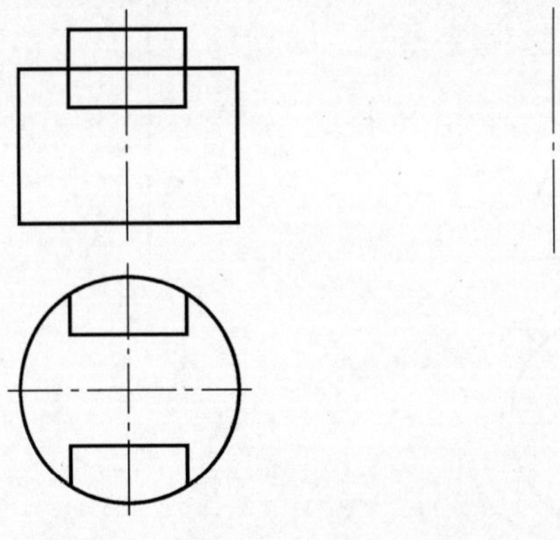

3.4 曲面交体的截交线

班级: 姓名: 学号:

9. 完成截切圆锥的第三面投影。

10. 完成截切圆锥的第三面投影。

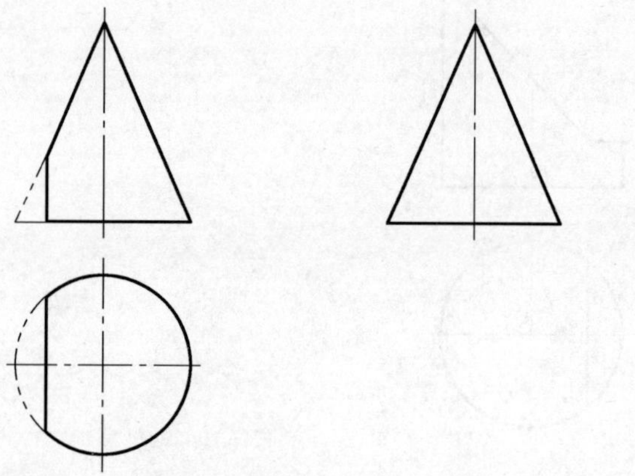

11. 完成截切圆锥的第三面投影。

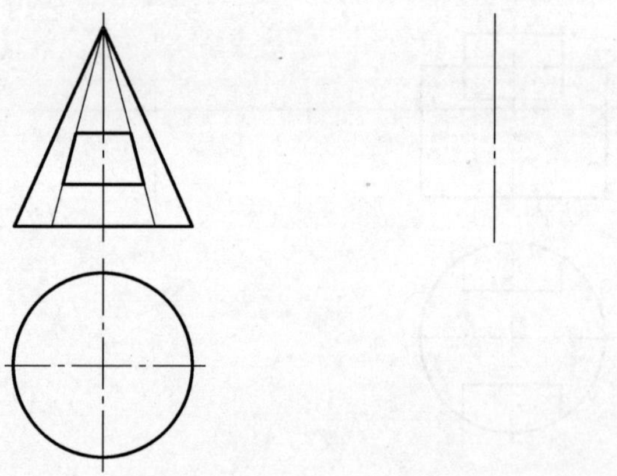

12. 完成截切圆锥的第三面投影。

3.4 曲面立体的截交线

班级:　　　　姓名:　　　　学号:

13. 完成截切半球体的三面投影。

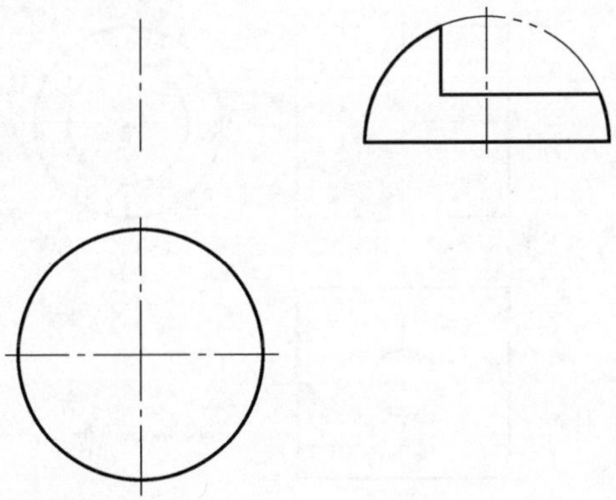

14. 完成截切半球体的三面投影。

15. 完成截切曲面立体的第三面投影。

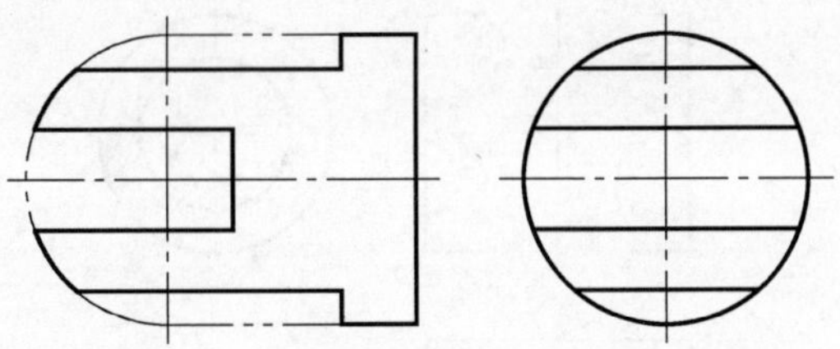

16. 完成截切曲面立体的第三面投影。

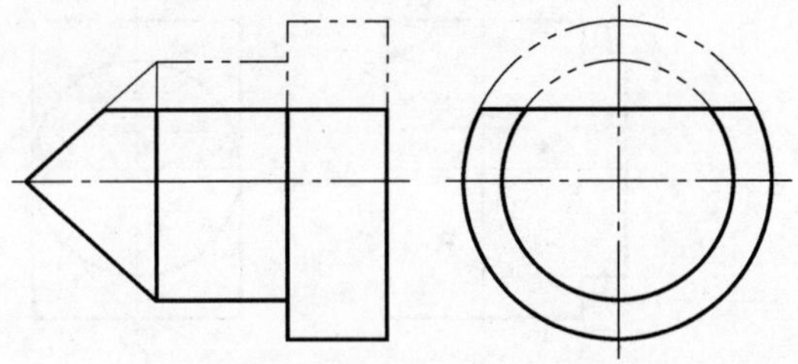

3.5 曲面立体的相贯线

班级:　　　　姓名:　　　　学号:

1. 完成相贯线的投影。

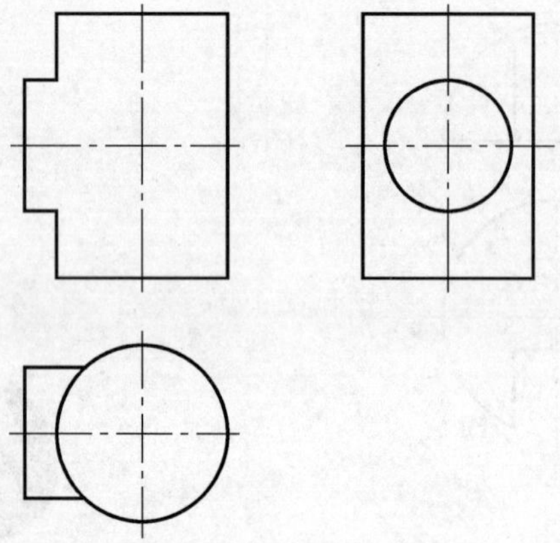

2. 完成相贯线的投影。

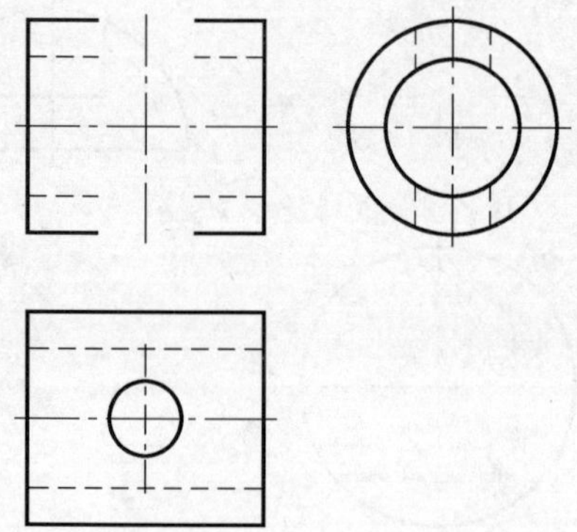

3. 完成相贯线的投影。

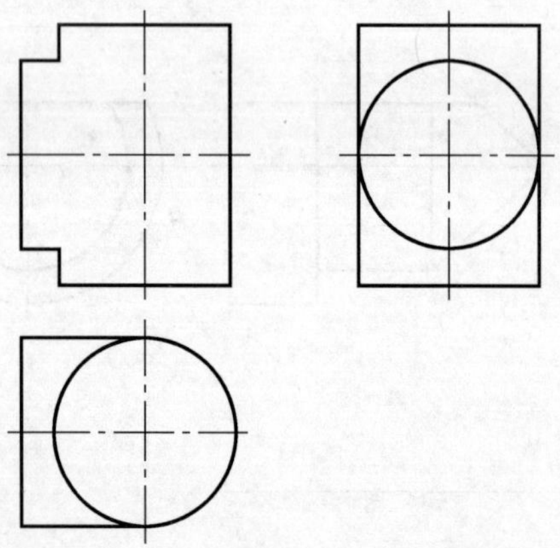

4. 完成相贯线的投影。

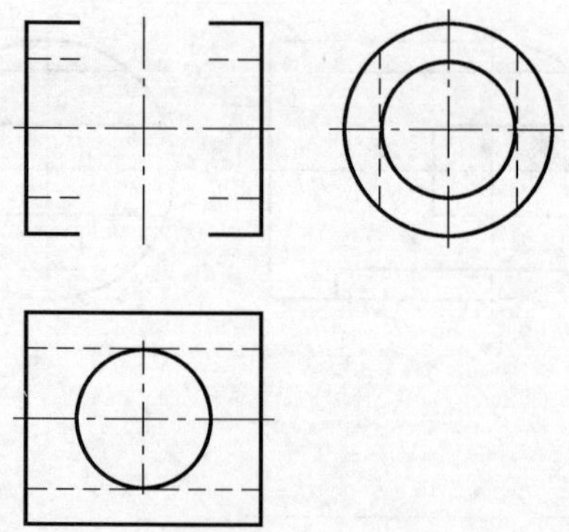

3.5 曲面立体的相贯线	班级: 姓名: 学号:

5. 完成相贯线的投影。

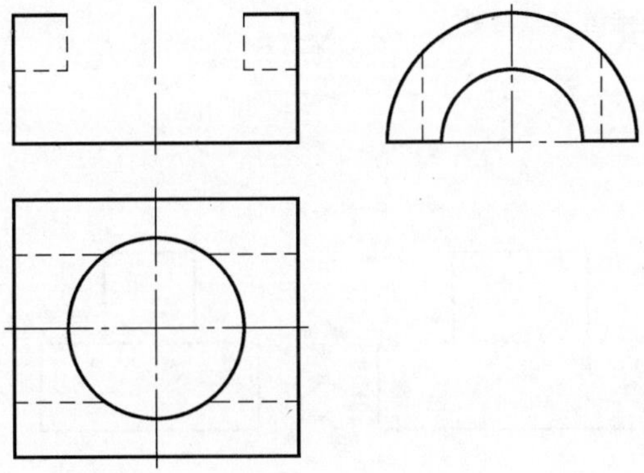

6. 完成相贯线的投影。

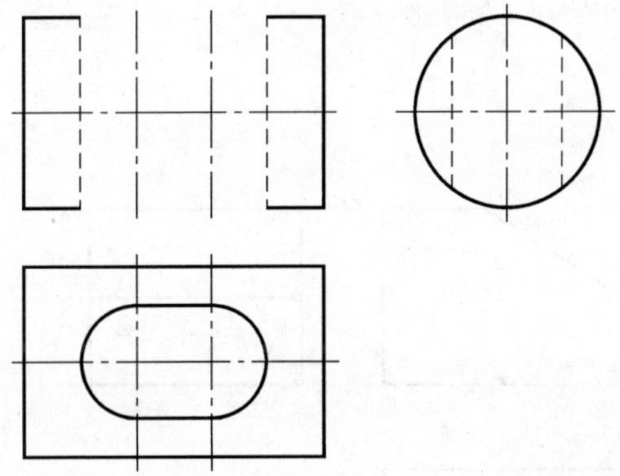

7. 完成相贯线的投影。

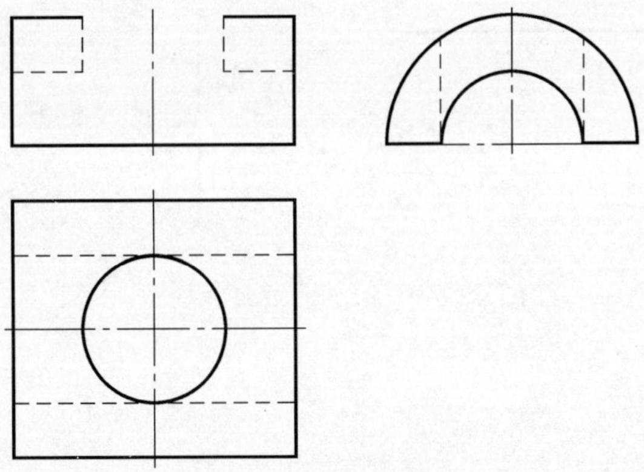

8. 完成相贯线的投影。

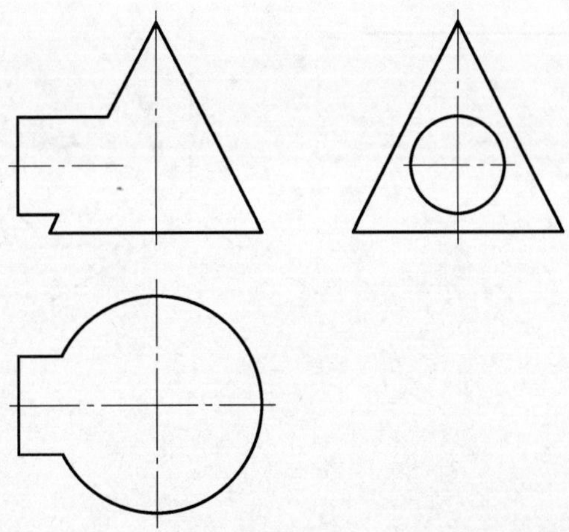

第4章 轴测图

4.1 正等轴测图的绘制	班级：	姓名：	学号：

1. 根据三视图绘制正等轴测图。

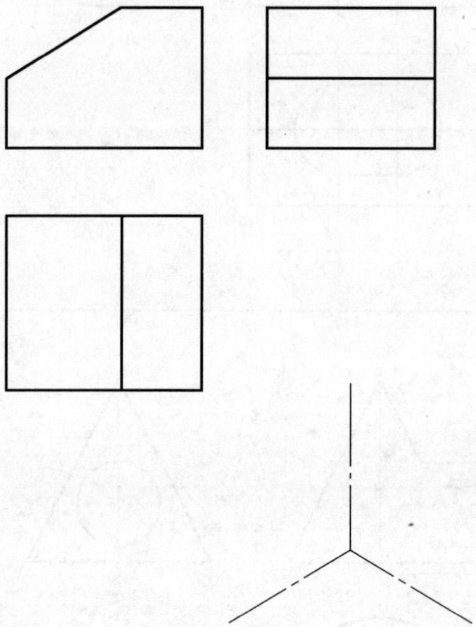

2. 根据三视图绘制正等轴测图。

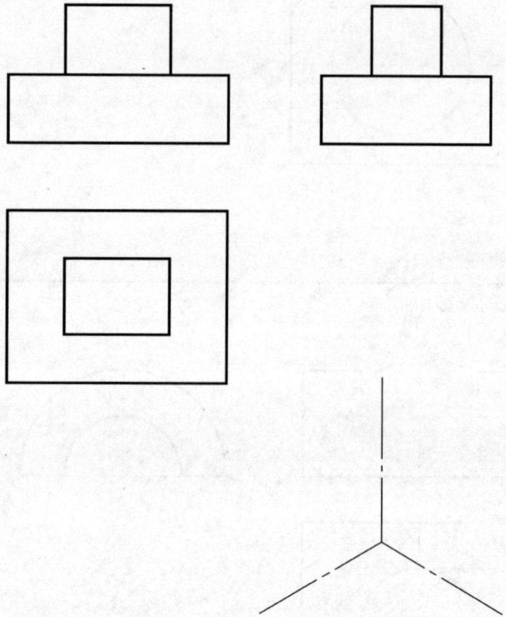

3. 根据三视图绘制正等轴测图。

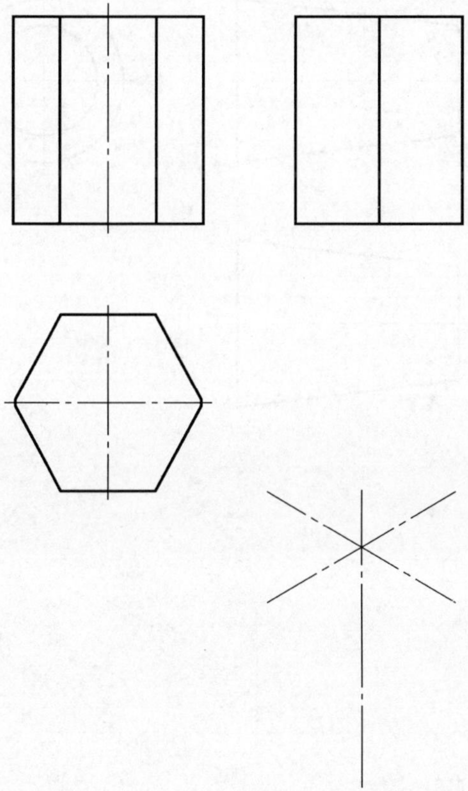

4. 根据三视图绘制正等轴测图。

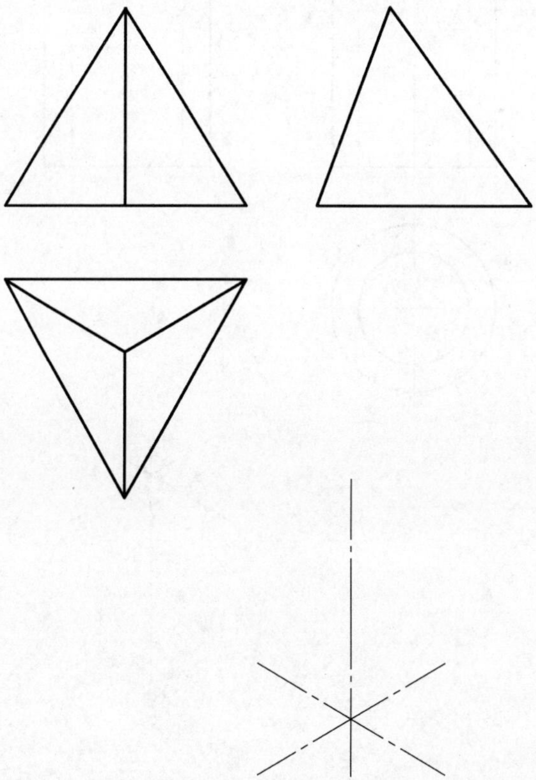

5. 根据三视图绘制正等轴测图。

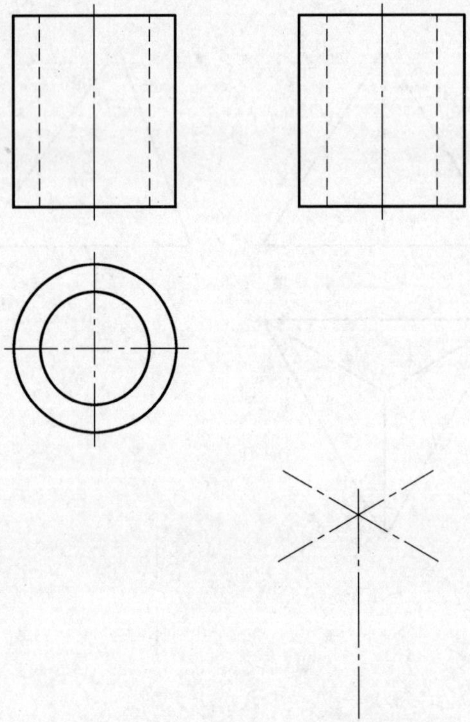

6. 根据三视图绘制正等轴测图。

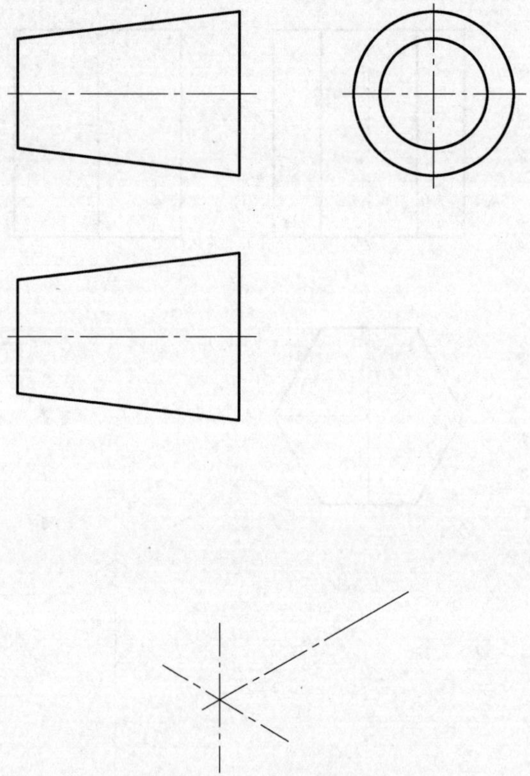

4.1 正等轴测图的绘制	班级:	姓名:	学号:

7. 根据三视图绘制正等轴测图。

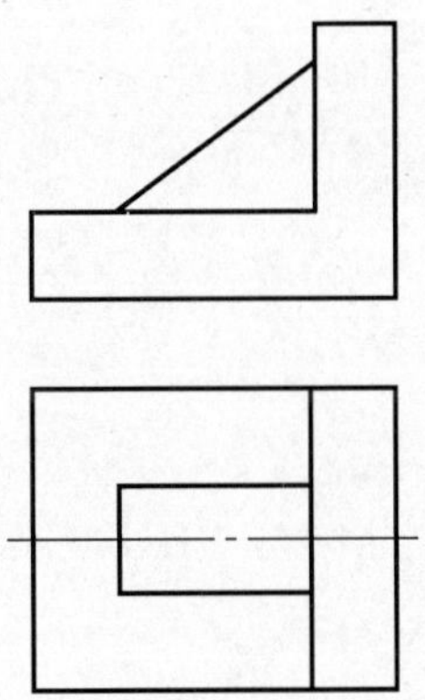

8. 根据三视图绘制正等轴测图。

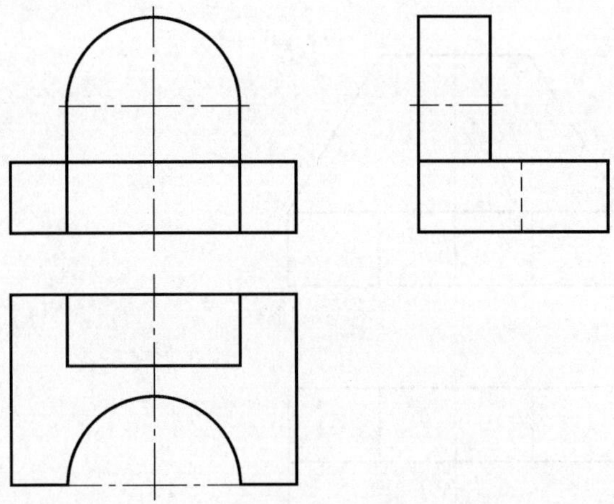

4.2 斜二轴测图的绘制

班级：　　姓名：　　学号：

1. 根据主、俯视图绘制斜二测图。

2. 根据主、俯视图绘制斜二测图。

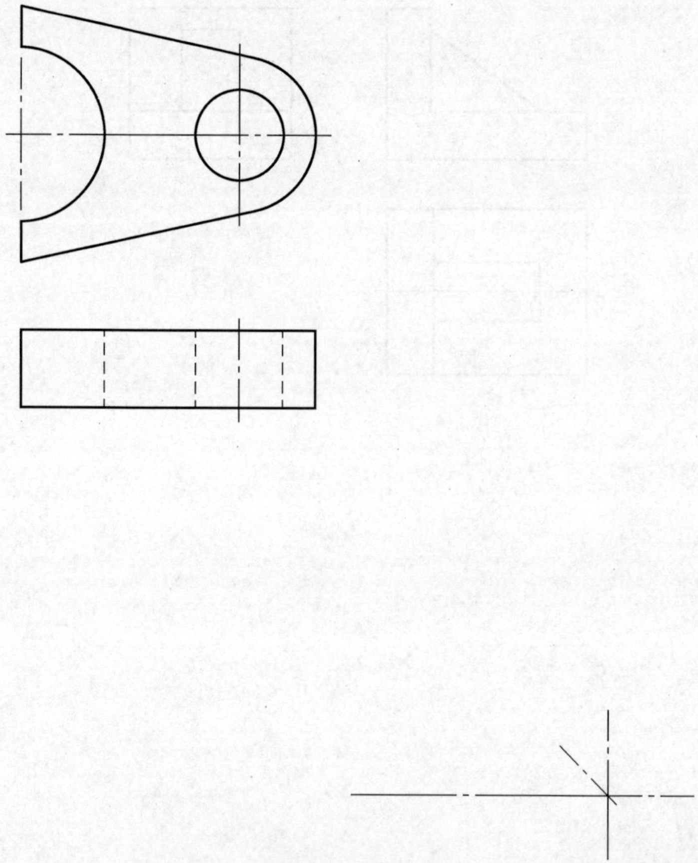

第5章 组合体

5.1 画简单组合体的三视图

班级:　　　　姓名:　　　　学号:

1. 根据轴测图，绘制组合体的三视图。

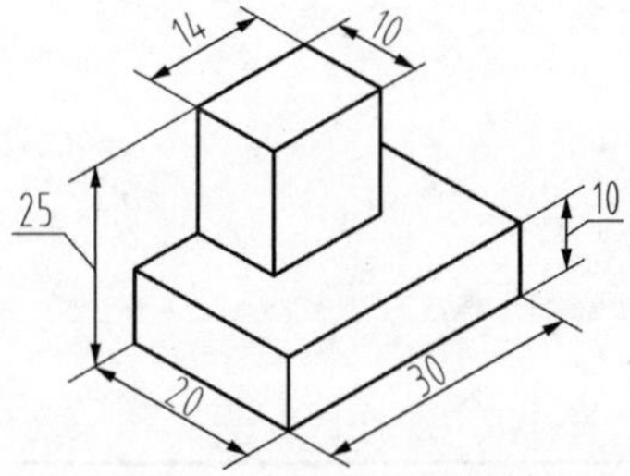

2. 根据轴测图，绘制组合体的三视图。

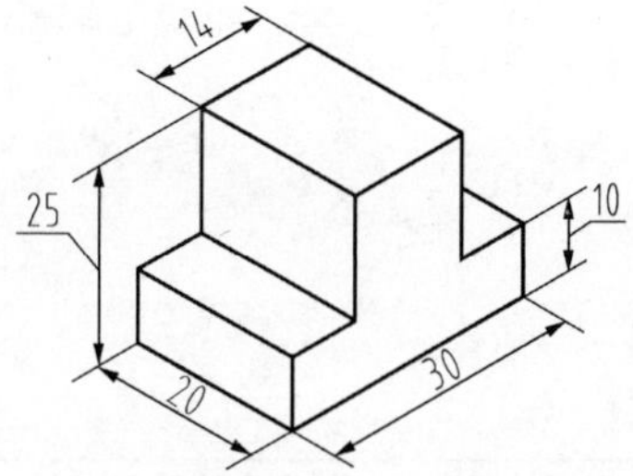

3. 根据轴测图，绘制组合体的三视图。

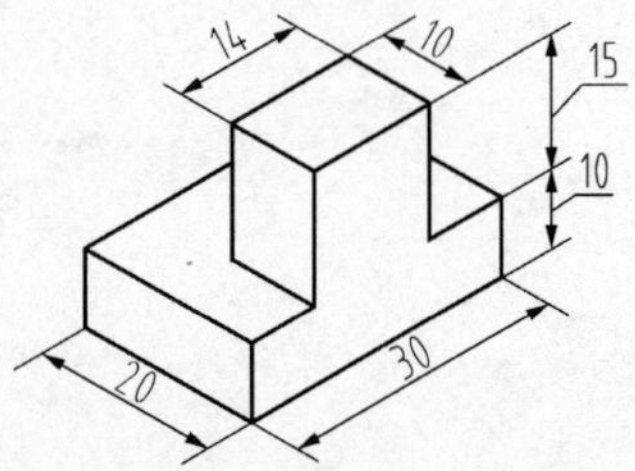

4. 根据轴测图，绘制组合体的三视图。

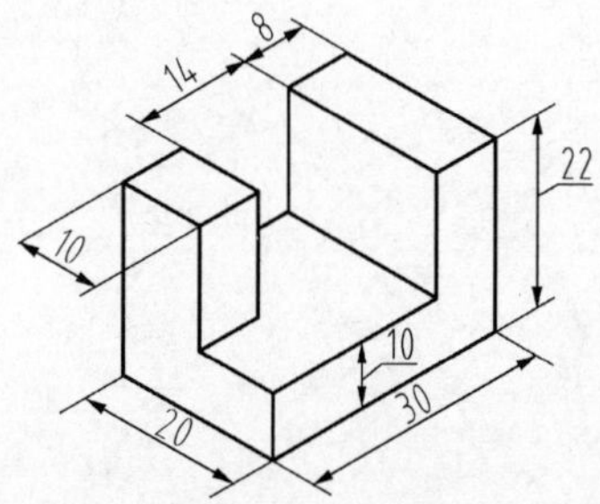

5.1 画简单组合体的三视图

班级: 姓名: 学号:

5. 根据轴测图，绘制组合体的三视图。

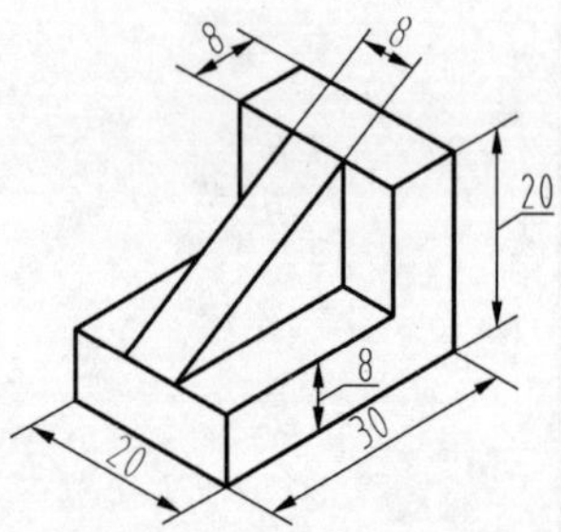

6. 根据轴测图，绘制组合体的三视图。

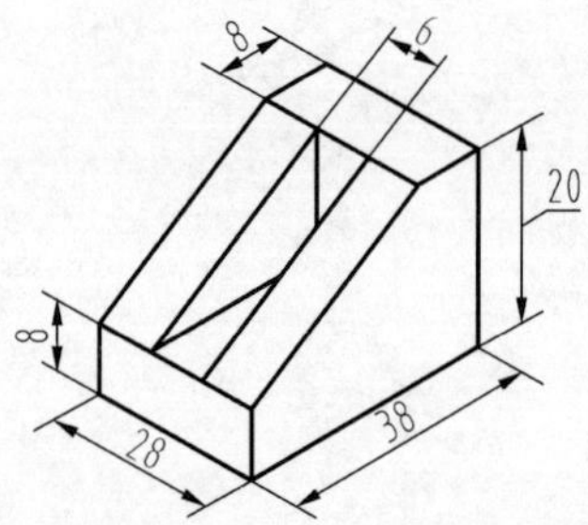

7. 根据轴测图，绘制组合体的三视图。

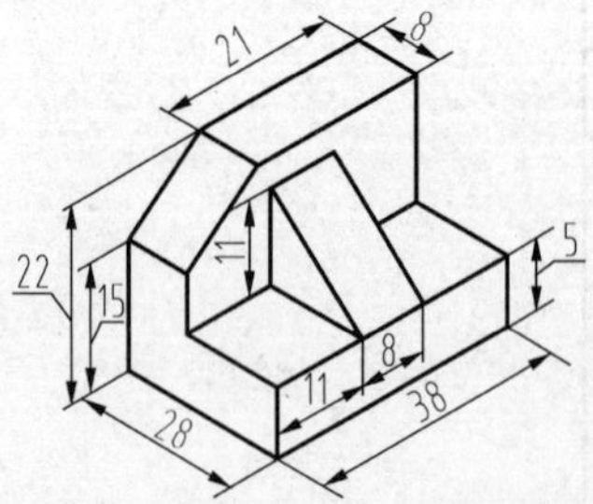

8. 根据轴测图，绘制组合体的三视图。

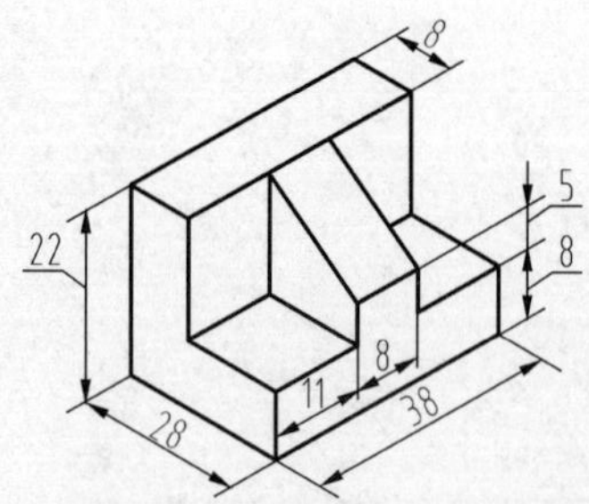

5.1 画简单组合体的三视图

班级：　　姓名：　　学号：

9. 对照轴测图，补画组合体三视图的缺线。

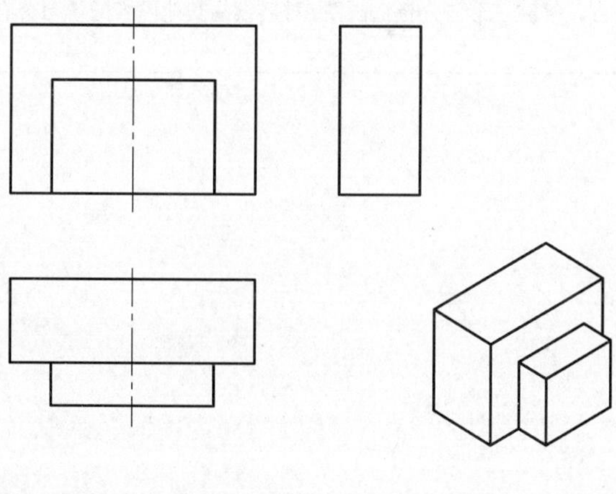

10. 对照轴测图，补画组合体三视图的缺线。

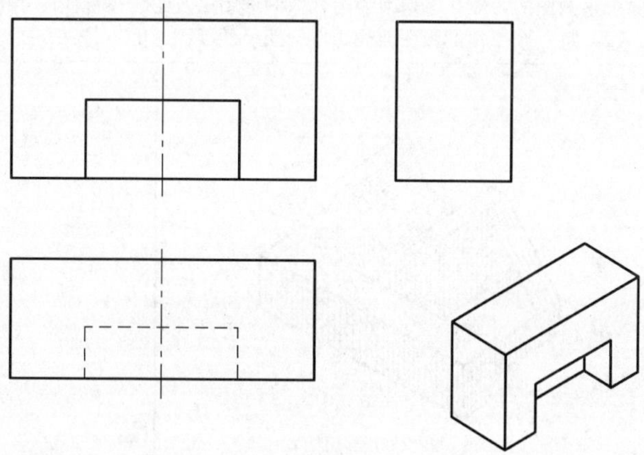

11. 对照轴测图，补画组合体三视图的缺线。

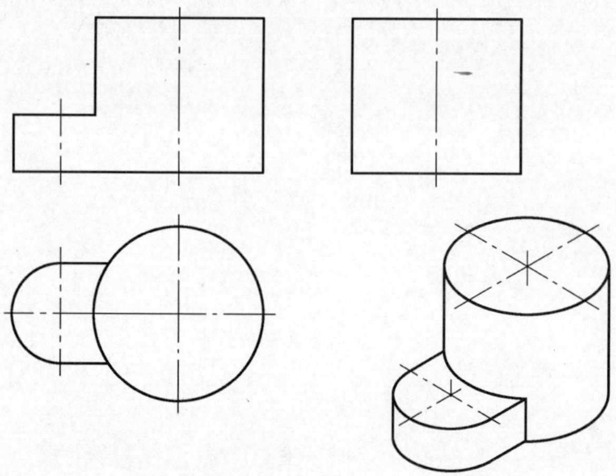

12. 对照轴测图，补画组合体三视图的缺线。

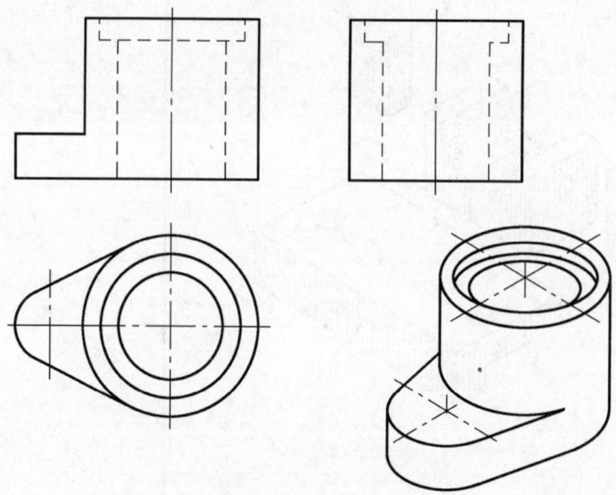

5.2 用形体分析法画叠加体的三视图	班级: 姓名: 学号:

提示：仔细辨别该组合体的组成，弄清底板Ⅰ、支撑板Ⅱ和直角三棱柱Ⅲ之间的叠加关系，然后逐个画出它们的三视图。通常的画图步骤是：第一步先画底板Ⅰ，第二步画支撑板Ⅱ，最后画直角三棱柱Ⅲ。画图时，要注意两个问题：（1）一定要养成将每一个个体的三视图画完，再画其他个体的三视图的习惯，即培养按形体分析的思路画图的习惯，这是因为组合体的读图以及组合体标注尺寸也需要运用形体分析法来进行，掌握了形体分析法画图，对后续的其他内容的学习会有很大的帮助；（2）每一个个体的画图要先画特征明显的视图，即不是每一次画图都是先从主视图开始的。

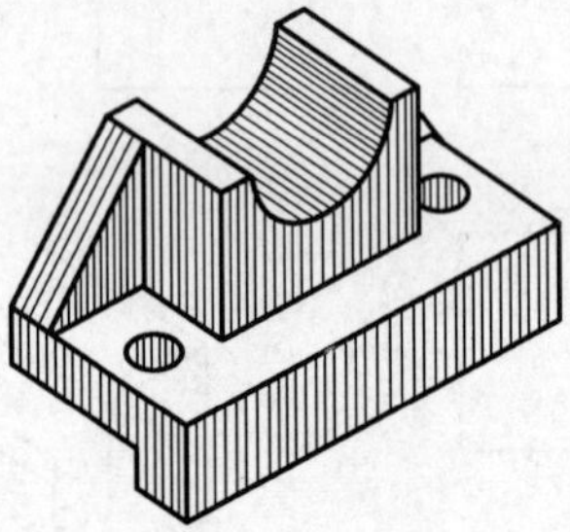

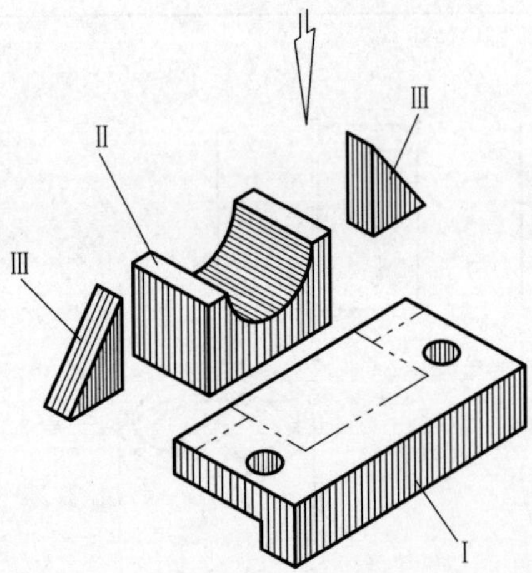

5.3 用形体分析法画切割体的三视图

班级：　　　　姓名：　　　　学号：

第一步：画六边柱体三视图。
（主视图先画）

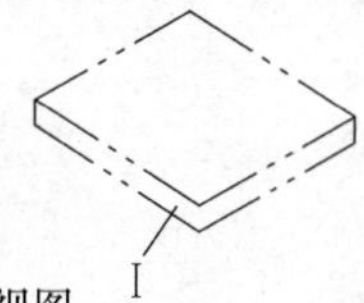

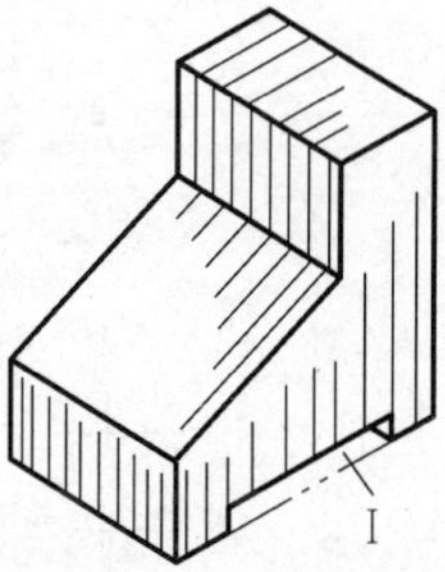

第二步：画长方体槽 I 三视图。
（主视图先画）

第三步：画切去梯形柱Ⅱ的三视图。
（主、俯视图先画）

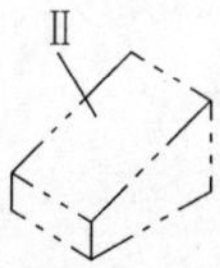

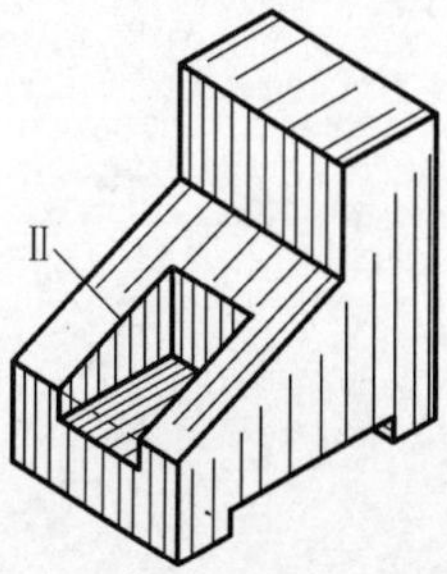

第四步：画切去半圆柱Ⅲ的三视图。
（左视图先画）

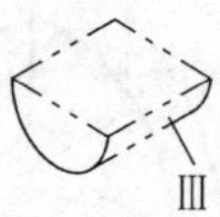

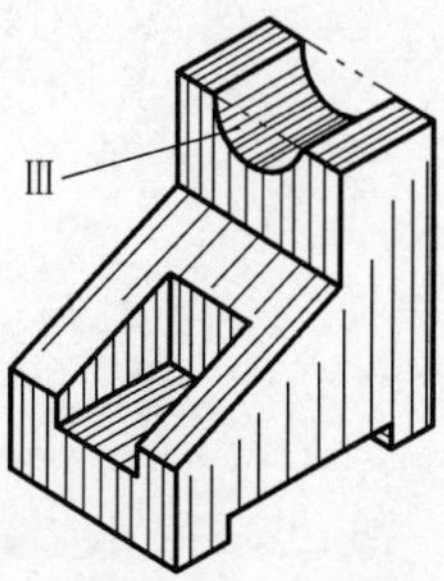

提示：该组合体属于切割体：可以看做是由长方体切割而成，也可以一步到位地看做是在六棱柱的基础上切割产生的。画图时，可按左边所示步骤进行。

注意：每一步都要先画特征明显的视图。

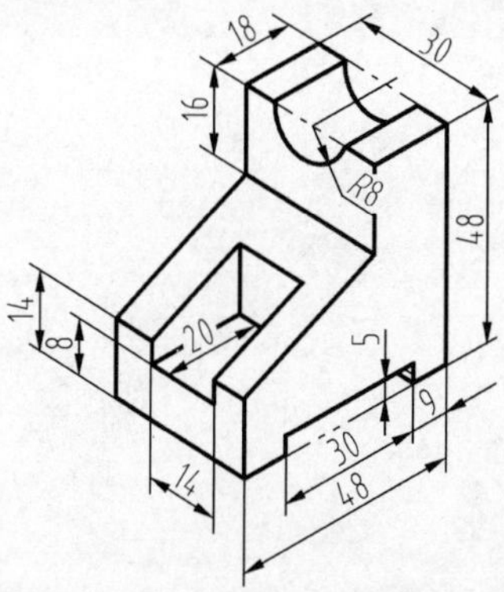

5.4 画组合体的三视图

班级：　　　　姓名：　　　　学号：

1.

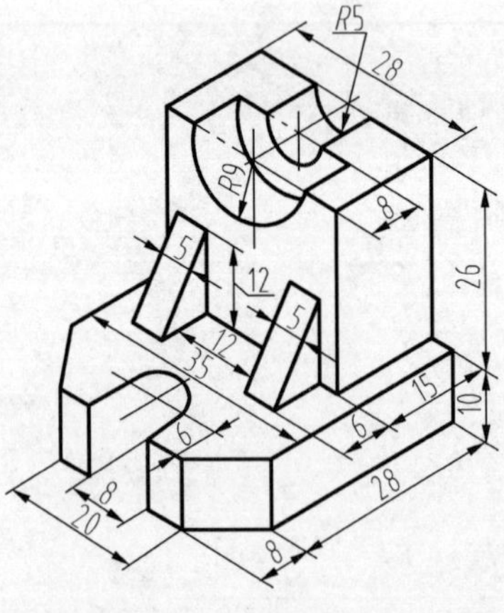

2.

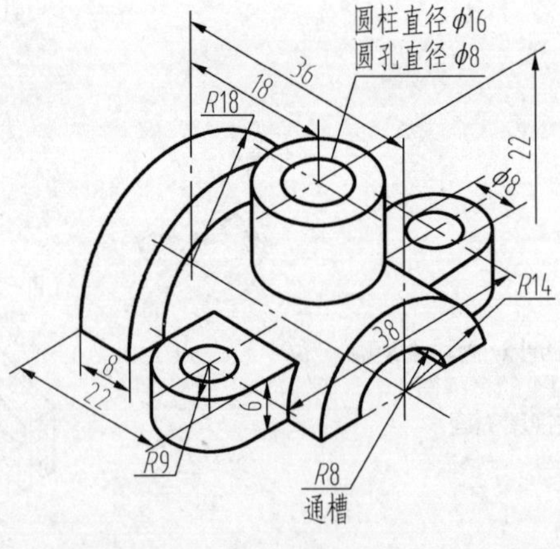

5.5 画组合体的正等轴测图

班级：　　姓名：　　学号：

1. 根据三视图，画叠加体的正等轴测图。

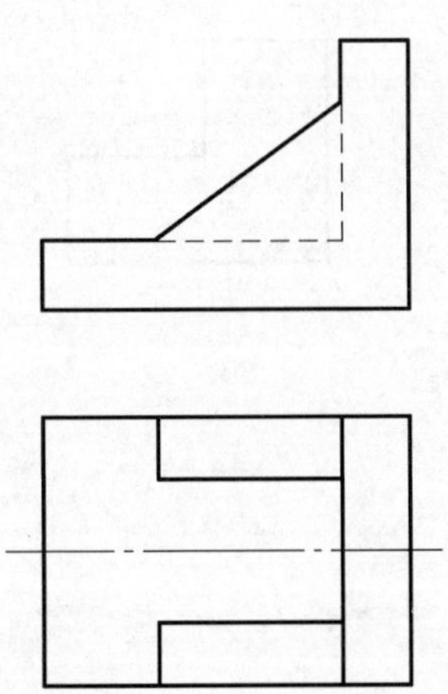

2. 根据三视图，画叠加体的正等轴测图。

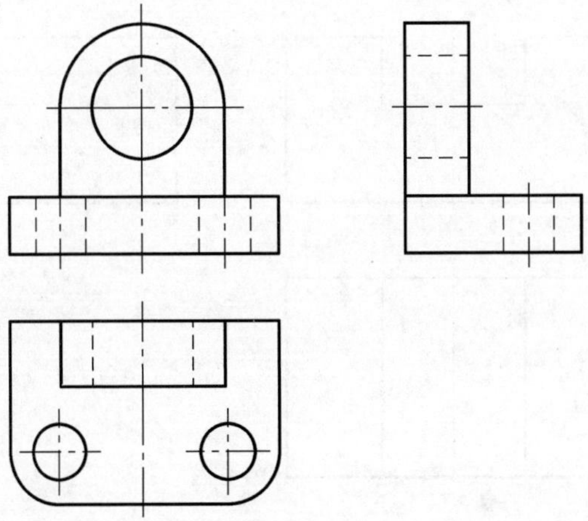

5.5 画组合体的正等轴测图

班级:　　　　姓名:　　　　学号:

3. 根据三视图，画切割体的正等轴测图。

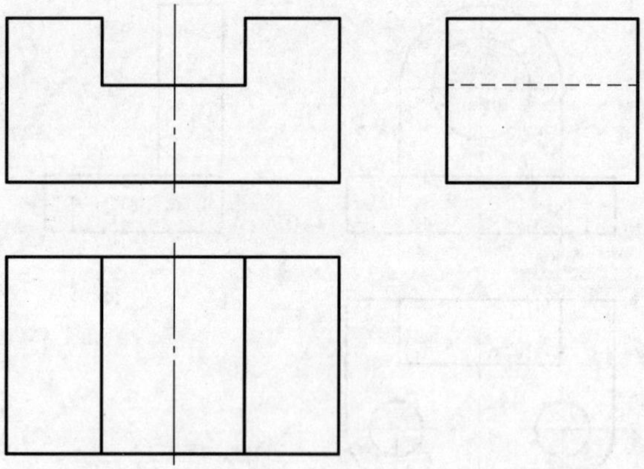

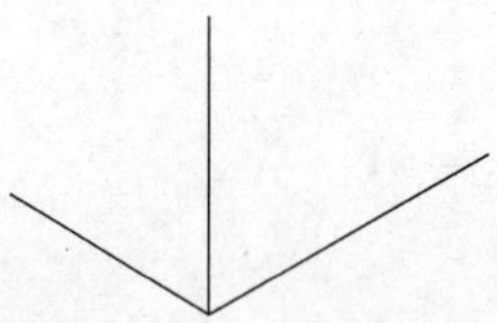

4. 根据三视图，画切割体的正等轴测图。

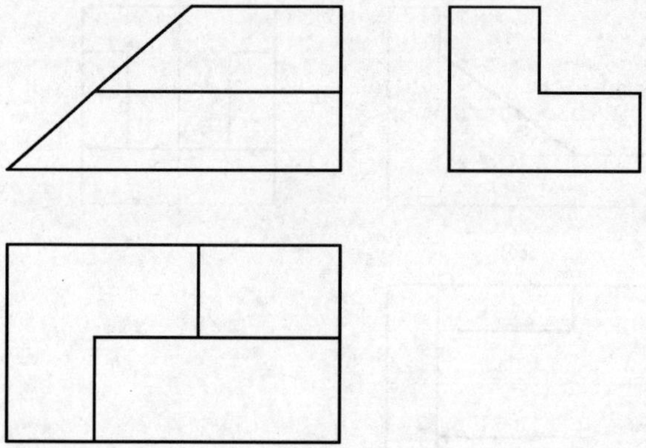

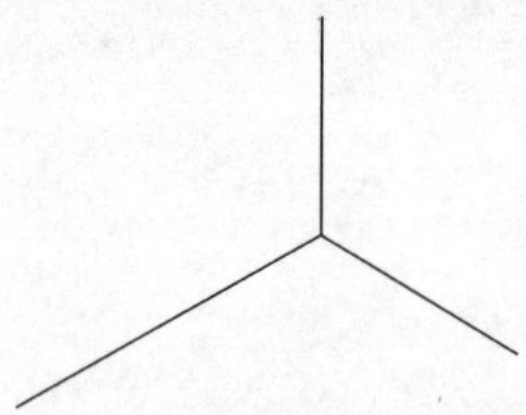

5.5 画组合体的正等轴测图

班级：　　　　姓名：　　　　学号：

5. 根据三视图，画切割体的正等轴测图。

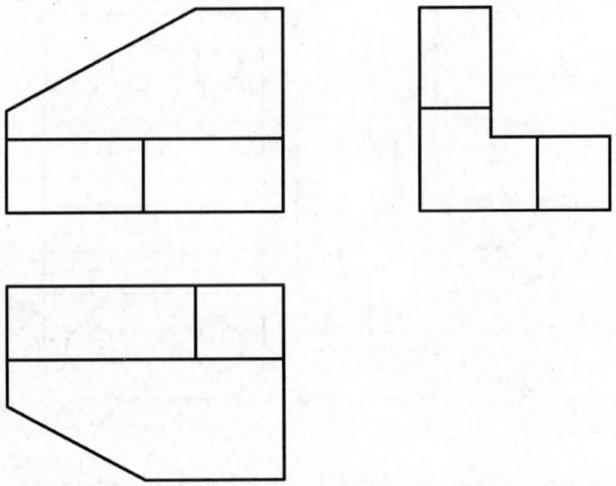

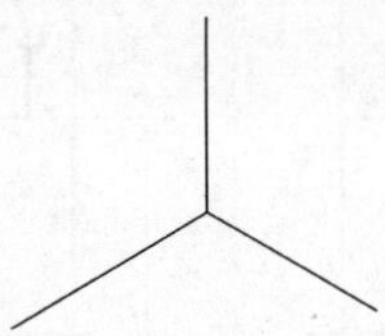

6. 根据三视图，画切割体的正等轴测图。

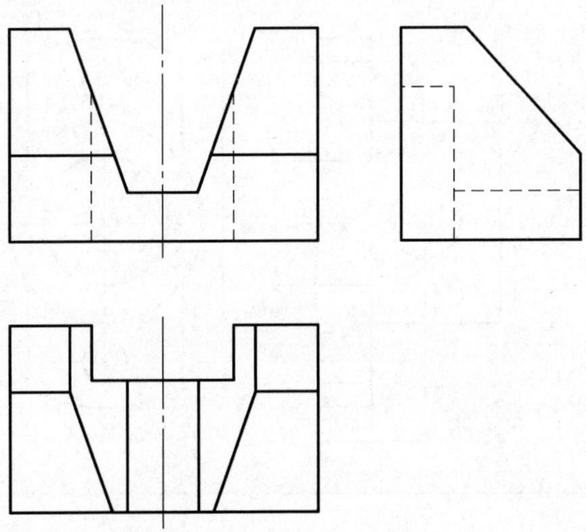

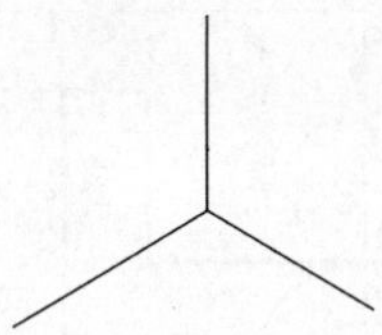

5.6 组合体的尺寸标注

班级:　　　　姓名:　　　　学号:

2. 改正图中尺寸标注的错误（重复或错误的打“×”，漏注的尺寸补全）。

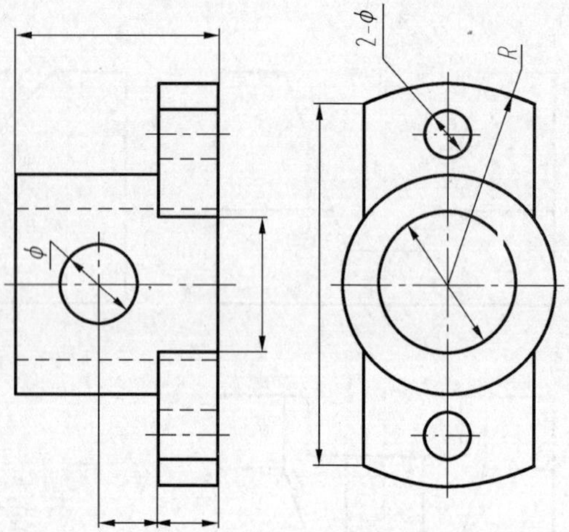

4. 改正图中尺寸标注的错误（重复或错误的打“×”，漏注的尺寸补全）。

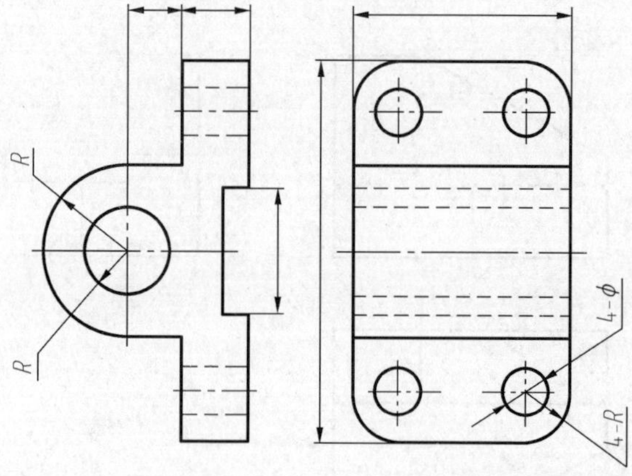

1. 改正图中尺寸标注的错误（重复或错误的打“×”，漏注的尺寸补全）。

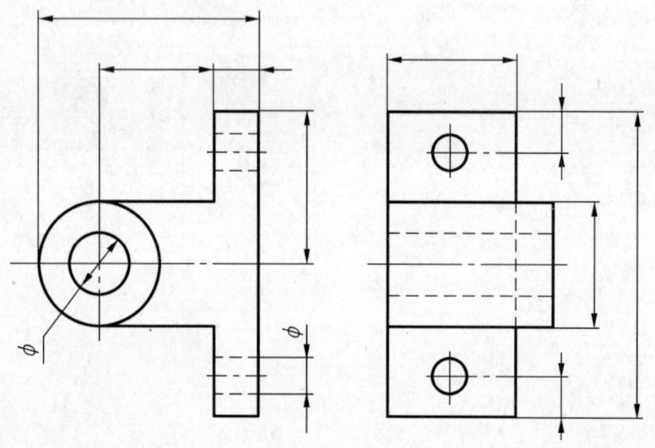

3. 改正图中尺寸标注的错误（重复或错误的打“×”，漏注的尺寸补全）。

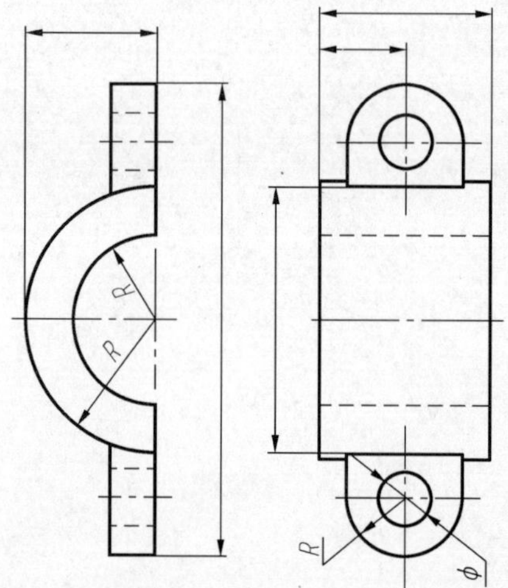

5.6 组合体的尺寸标注　　班级:　　姓名:　　学号:

5. 看懂视图，按给定的基准标注尺寸（尺寸数值从图中量取，取整数）。

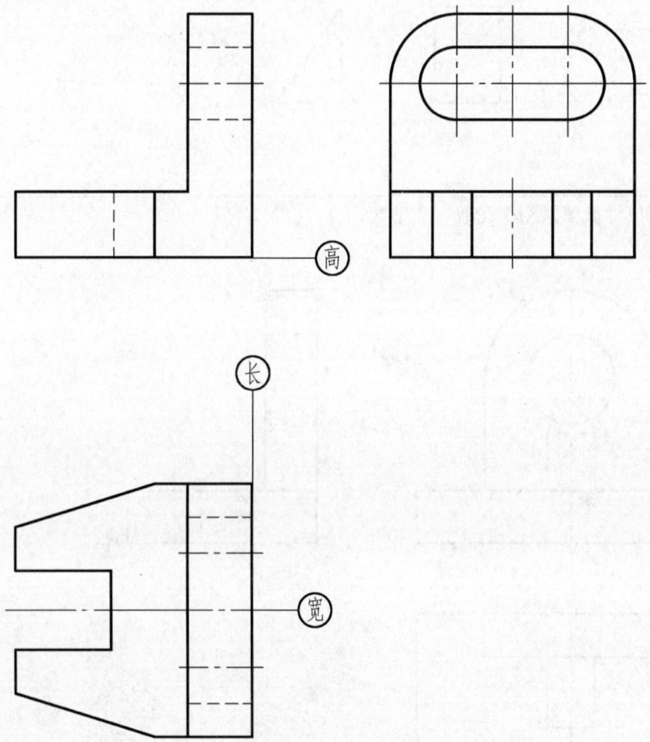

6. 看懂视图，按给定的基准标注尺寸（尺寸数值从图中量取，取整数）。

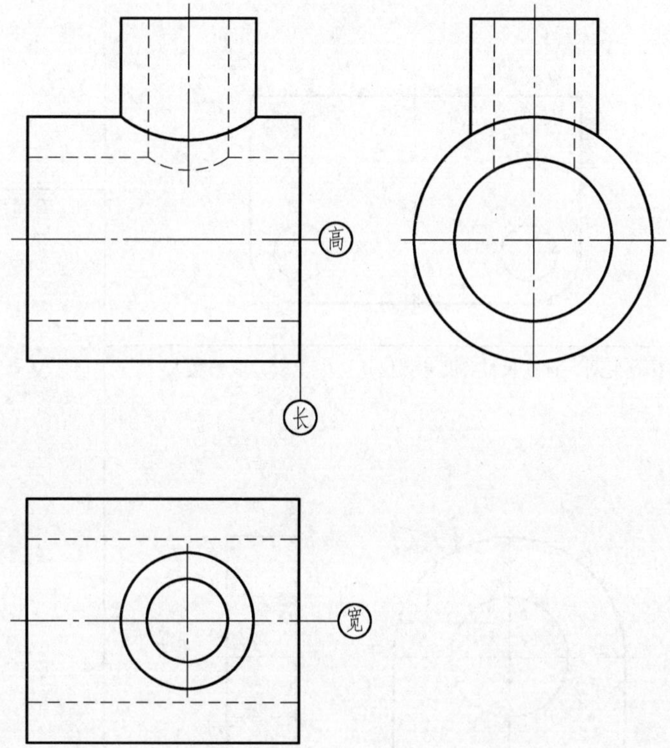

5.6 组合体的尺寸标注	班级: 姓名: 学号:

7. 看懂视图，标注尺寸（尺寸数值从图中量取，取整数）。

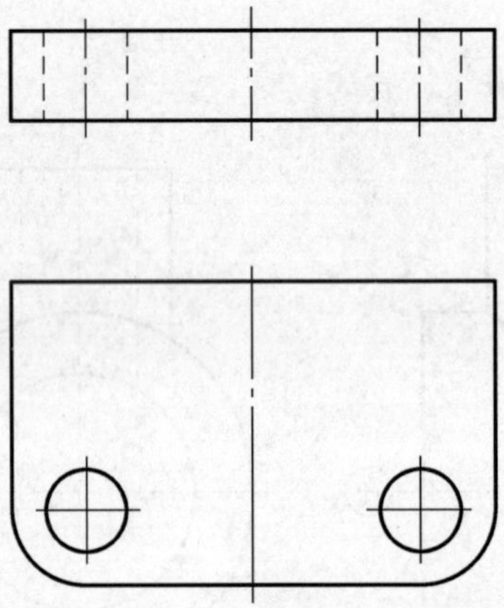

8. 看懂视图，标注尺寸（尺寸数值从图中量取，取整数）。

9. 看懂视图，标注尺寸（尺寸数值从图中量取，取整数）。

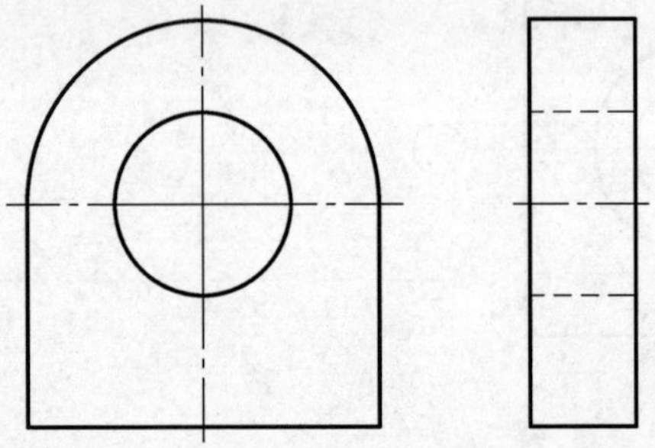

10. 看懂视图，标注尺寸（尺寸数值从图中量取，取整数）。

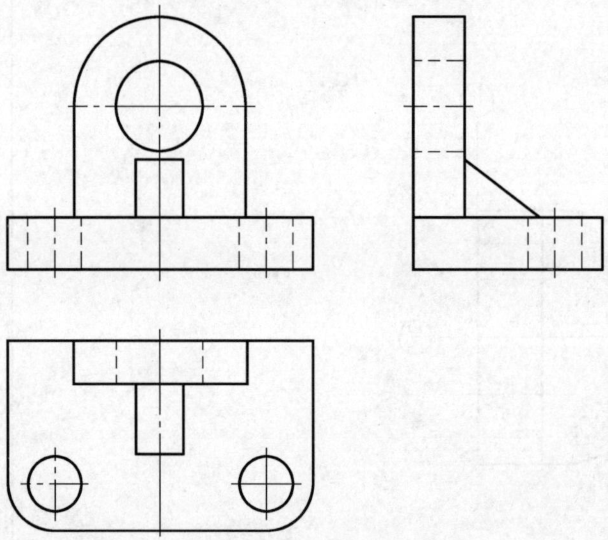

5.6 组合体的尺寸标注	班级: 姓名: 学号:

11. 参照轴测图看懂视图，在视图上标注尺寸。

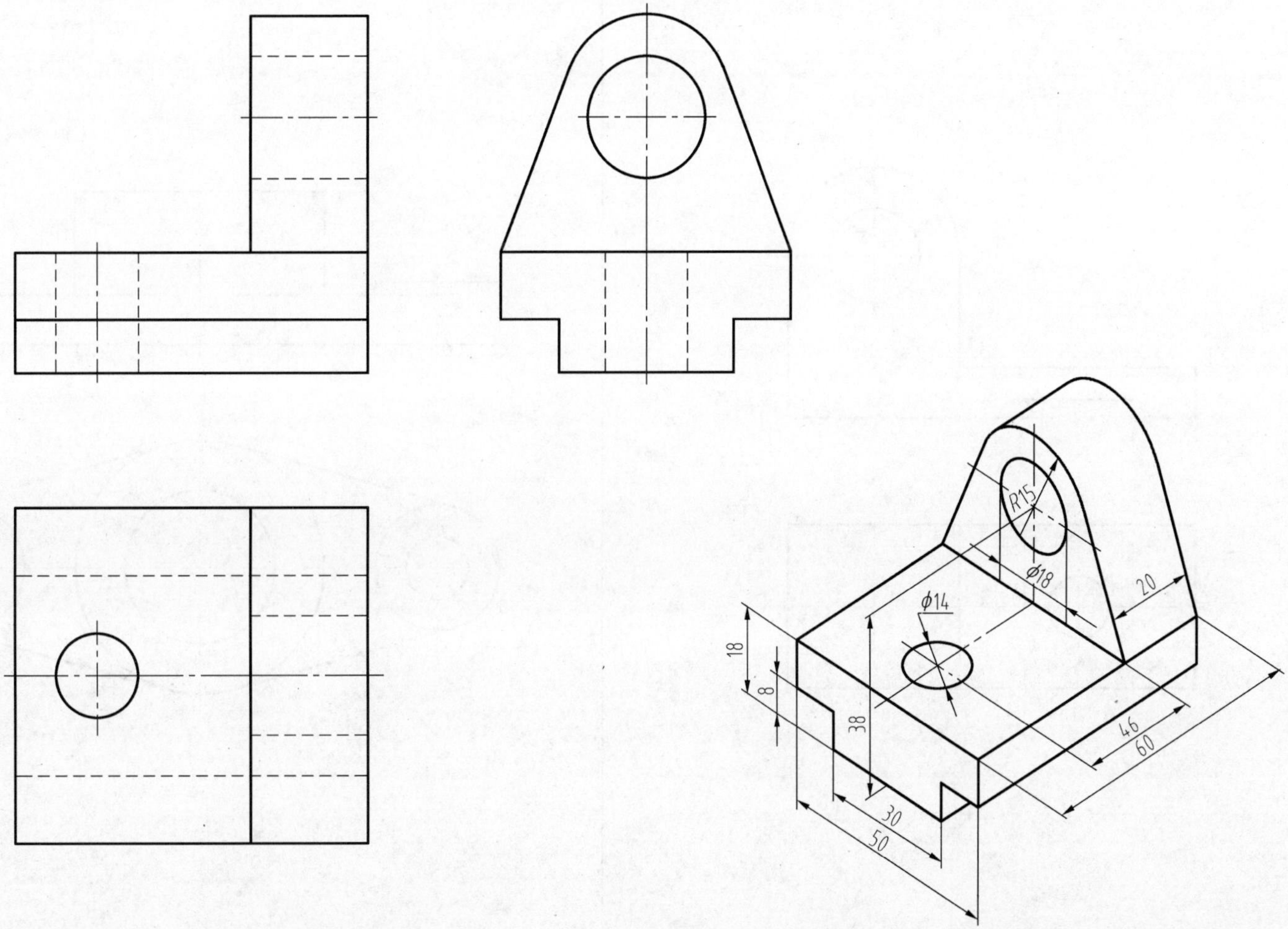

5.6 组合体的尺寸标注

班级:　　　　姓名:　　　　学号:

12. 看懂视图，标注尺寸（尺寸数值从图中量取，取整数）。

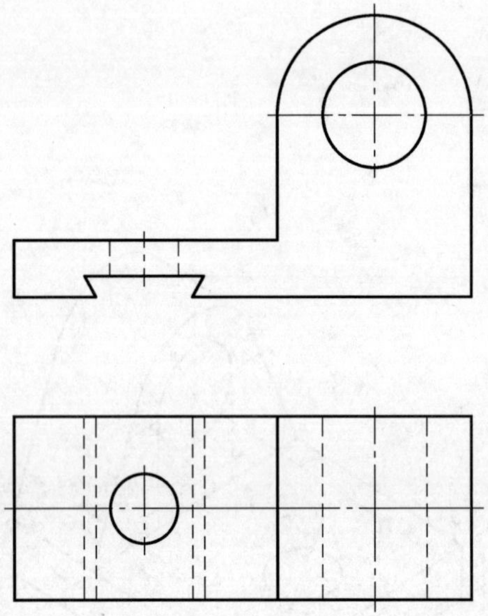

13. 看懂视图，标注尺寸（尺寸数值从图中量取，取整数）。

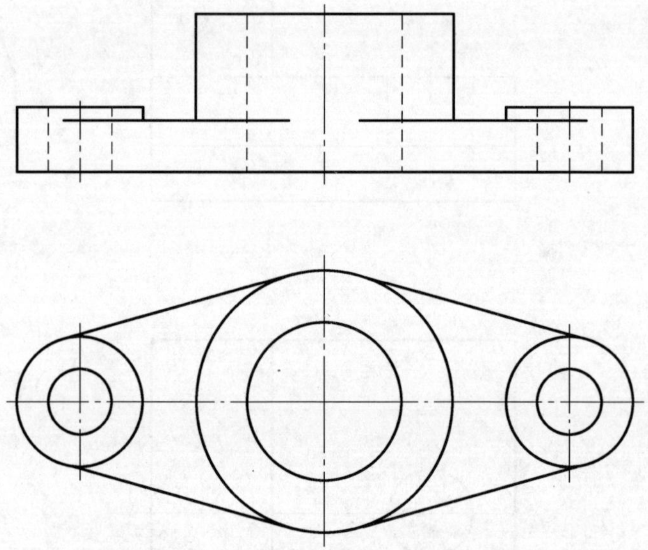

5.6 组合体的尺寸标注

班级:　　　　姓名:　　　　学号:

14. 看懂视图，标注尺寸（尺寸数值从图中量取，取整数）。

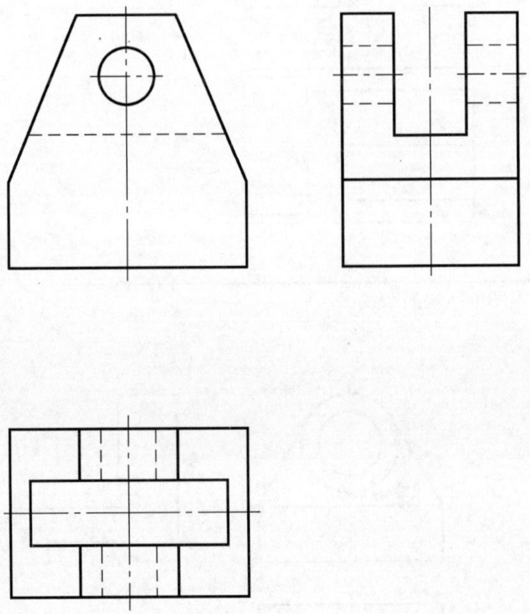

15. 看懂视图，标注尺寸（尺寸数值从图中量取，取整数）。

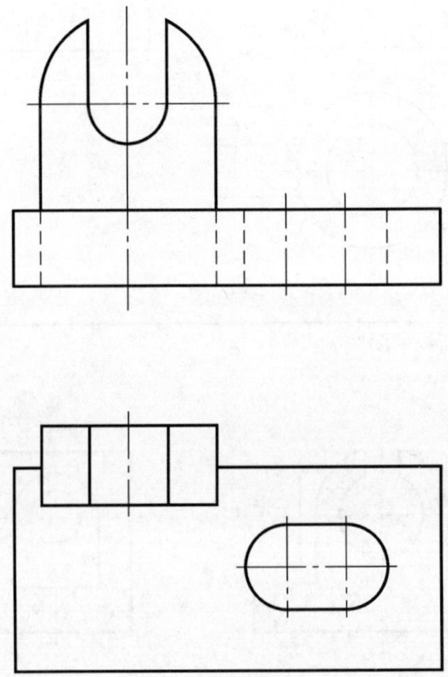

5.7 组合体的补缺线

班级: 姓名: 学号:

1. 补画叠加体视图中所缺的图线。

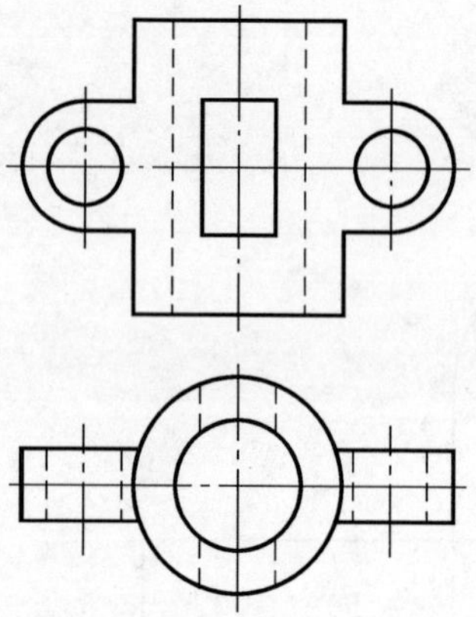

2. 补画叠加体视图中所缺的图线。

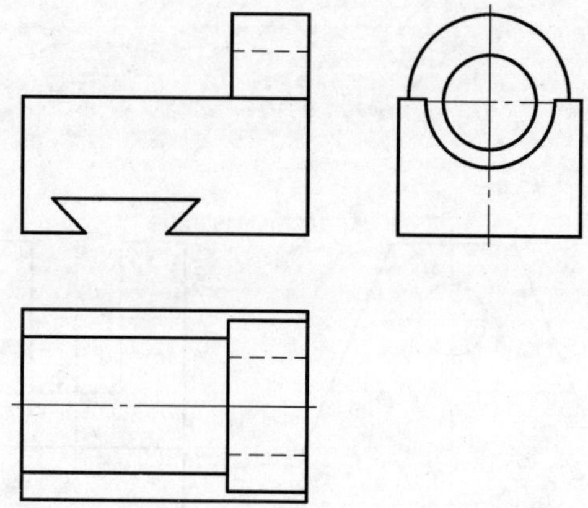

3. 补画叠加体视图中所缺的图线。

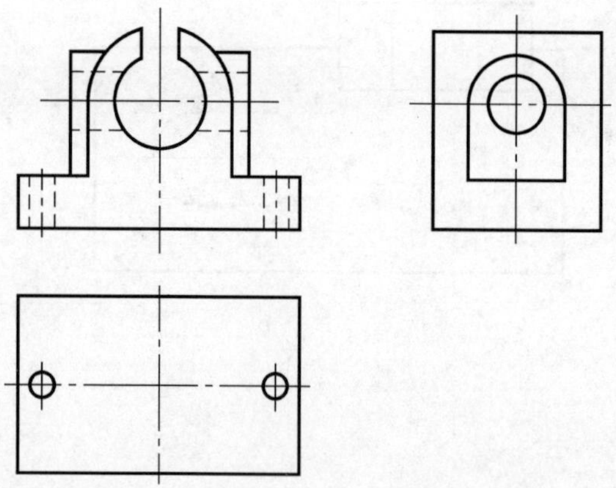

4. 补画叠加体视图中所缺的图线。

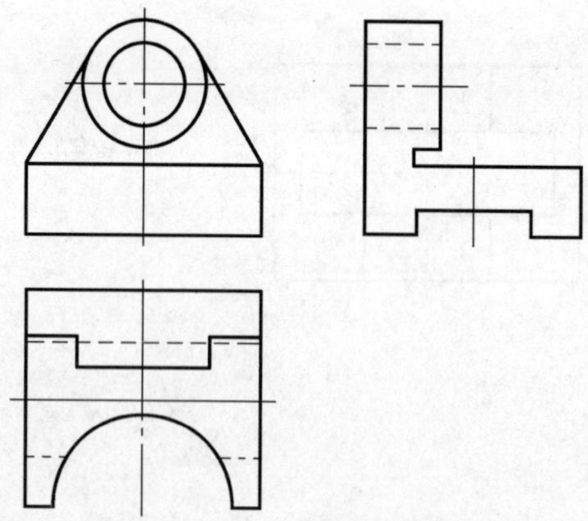

5.7 组合体的补缺线

班级： 姓名： 学号：

5. 补画切割体视图中所缺的图线。

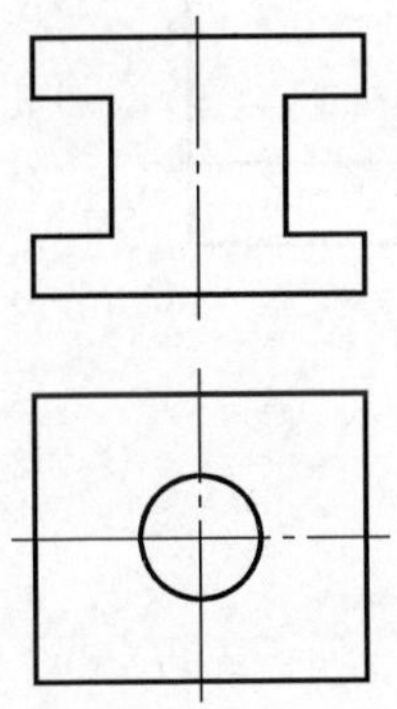

6. 补画切割体视图中所缺的图线。

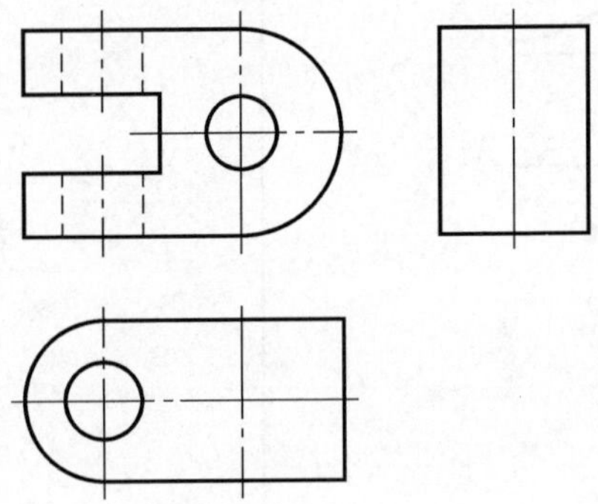

7. 补画切割体视图中所缺的图线。

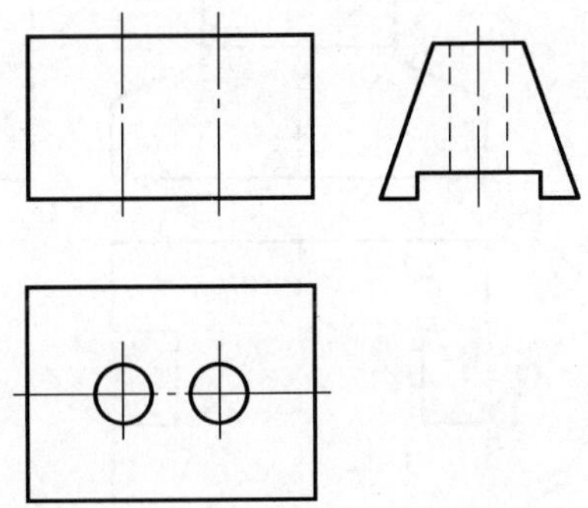

8. 补画切割体视图中所缺的图线。

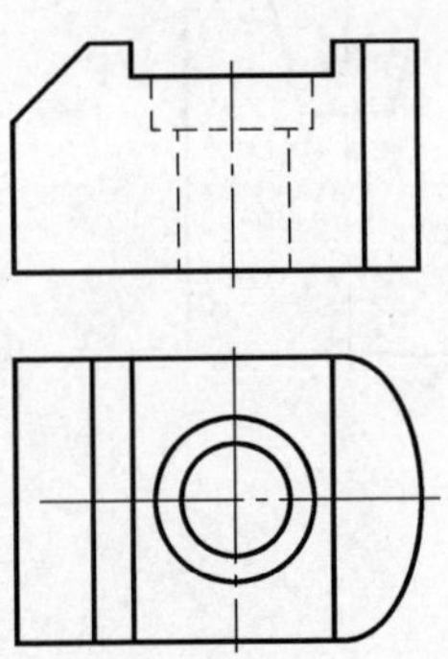

9. 补画切割体视图中所缺的图线。

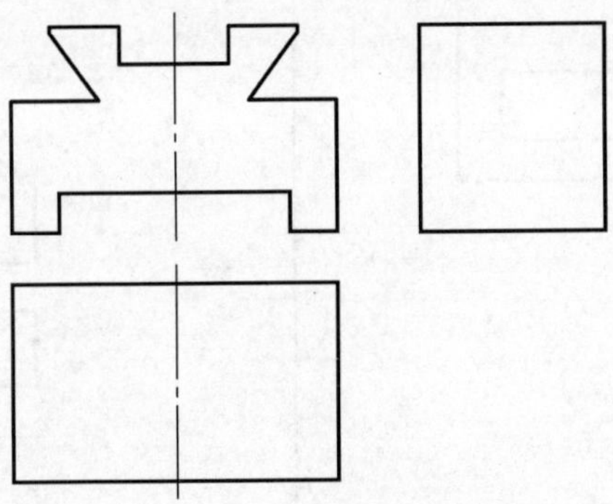

10. 补画切割体视图中所缺的图线。

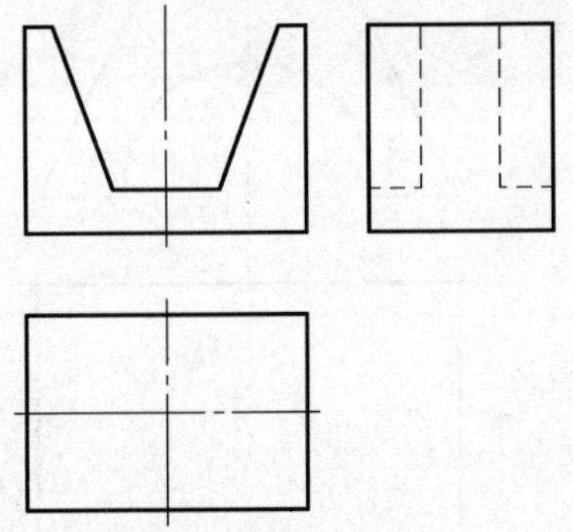

5.7 组合体的补缺线

班级：　　　姓名：　　　学号：

11. 补画切割体视图中所缺的图线。

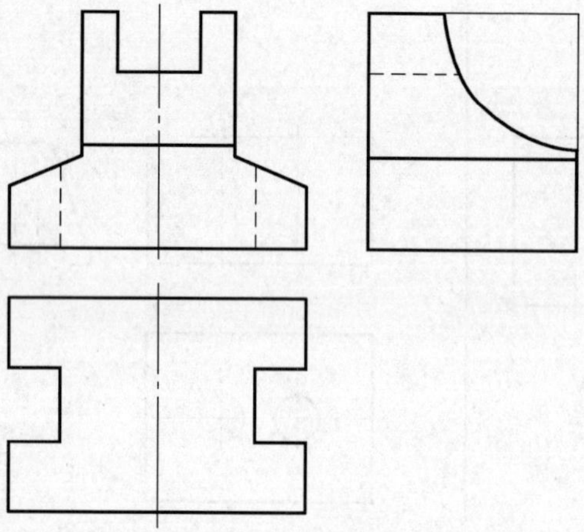

12. 补画切割体视图中所缺的图线。

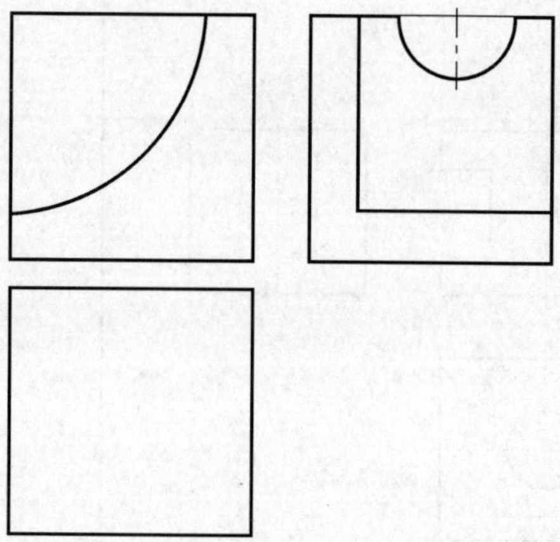

13. 补画切割体视图中所缺的图线。

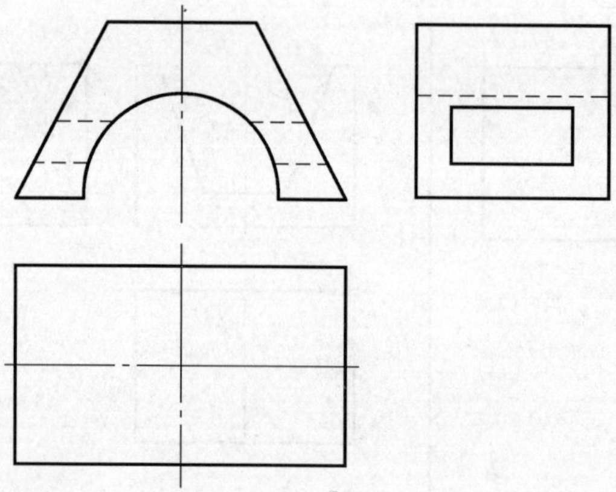

14. 补画切割体视图中所缺的图线。

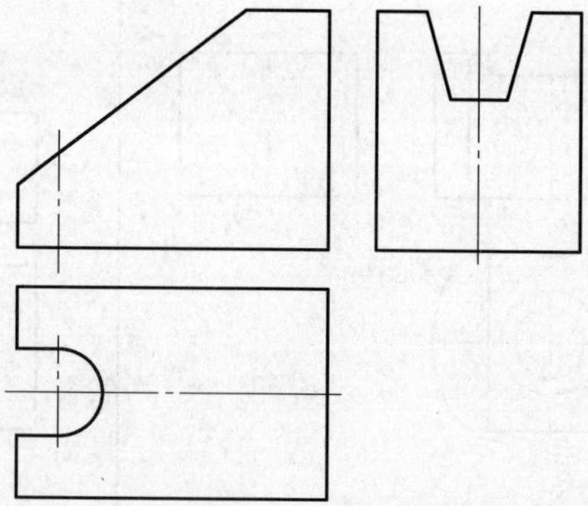

5.7 组合体的补缺线

班级：　　　姓名：　　　学号：

15. 补画组合体视图中所缺的图线

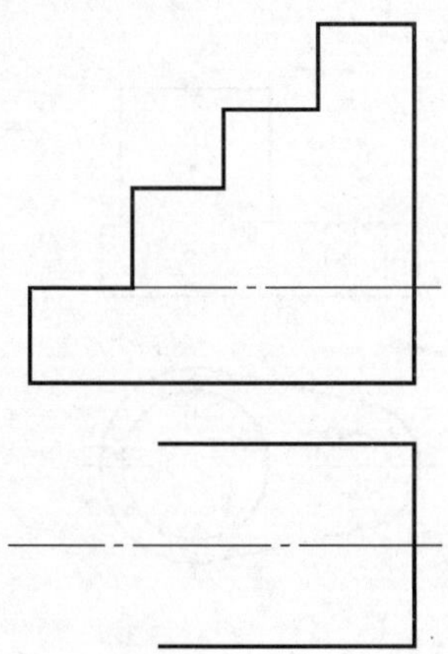

16. 补画组合体视图中所缺的图线

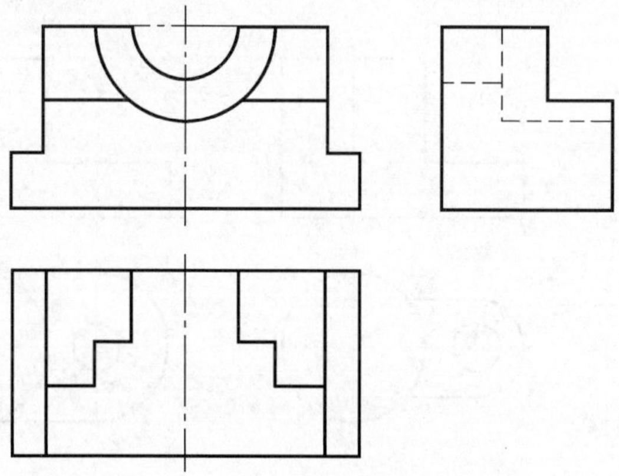

17. 补画组合体视图中所缺的图线

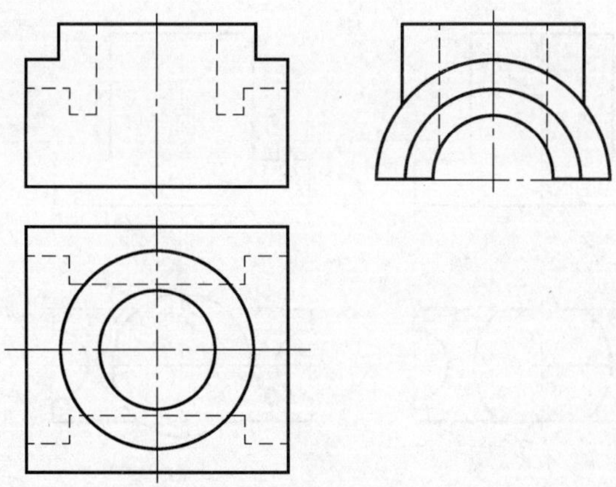

18. 补画组合体视图中所缺的图线

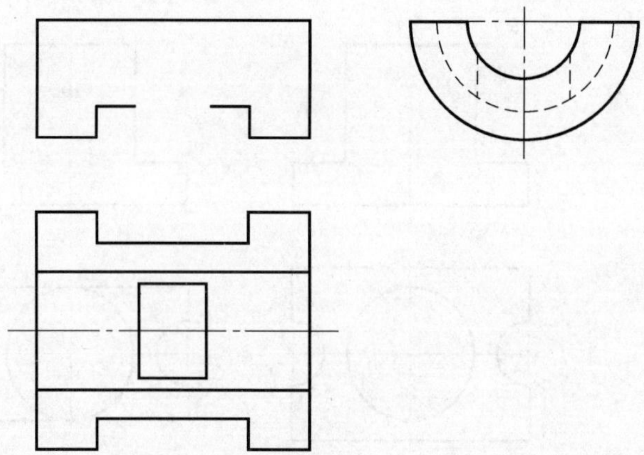

5.7 组合体的补缺线

班级:　　　　姓名:　　　　学号:

19. 补画组合体视图中的缺线。

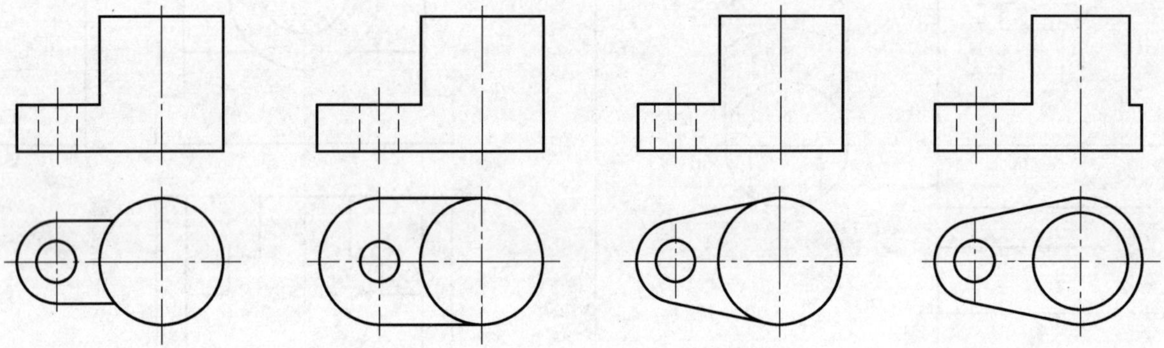

20. 补画组合体视图中的缺线。

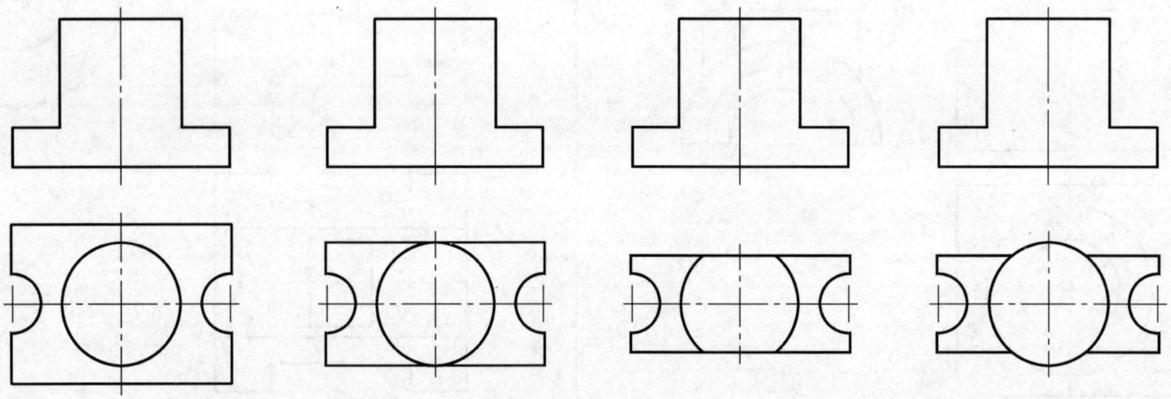

5.8 组合体的补视图

班级：　　　　姓名：　　　　学号：

1. 根据两面视图，求作第三视图。

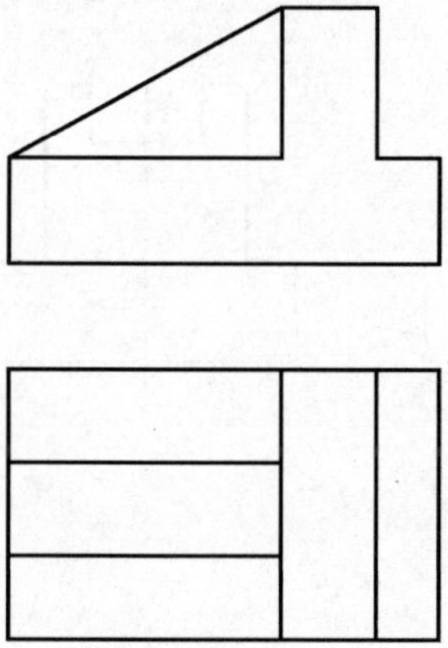

2. 根据两面视图，求作第三视图。

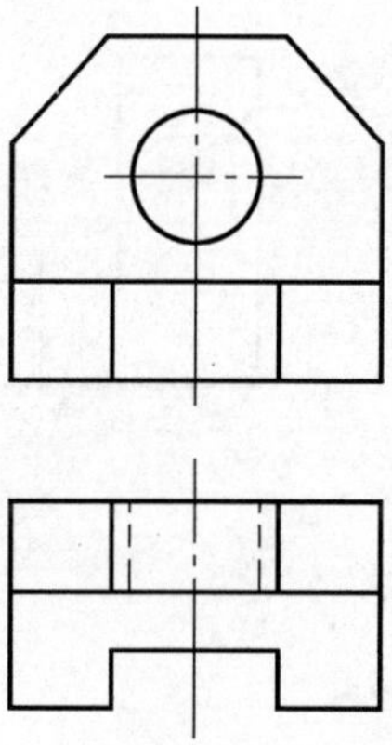

3. 根据两面视图，求作第三视图。

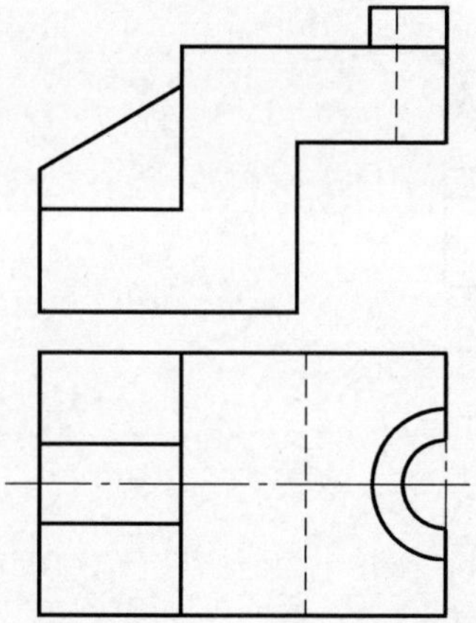

4. 根据两面视图，求作第三视图。

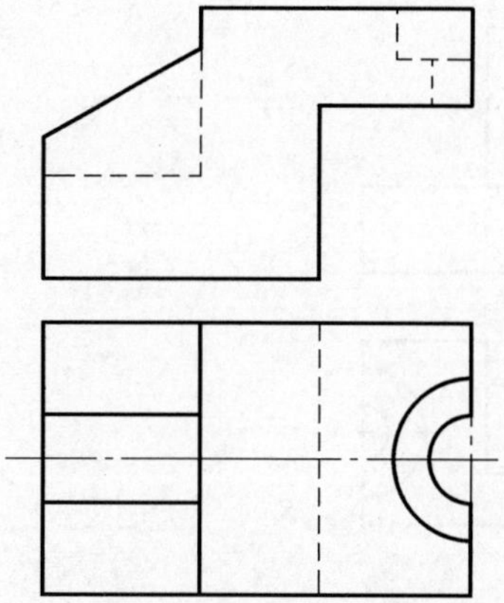

5.8 组合体的补视图	班级:	姓名:	学号:

5. 根据两面视图，求作第三视图。

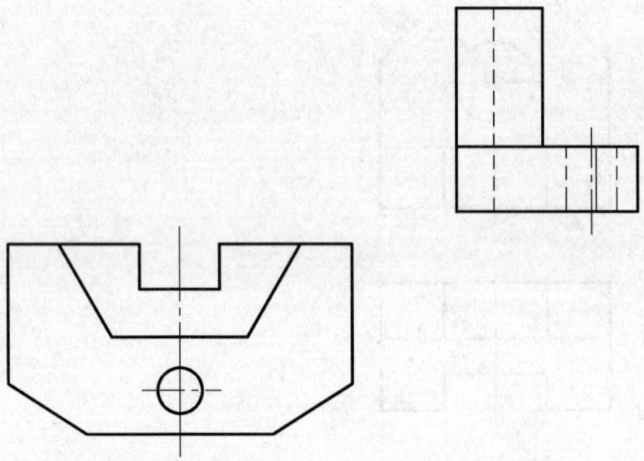

6. 根据两面视图，求作第三视图。

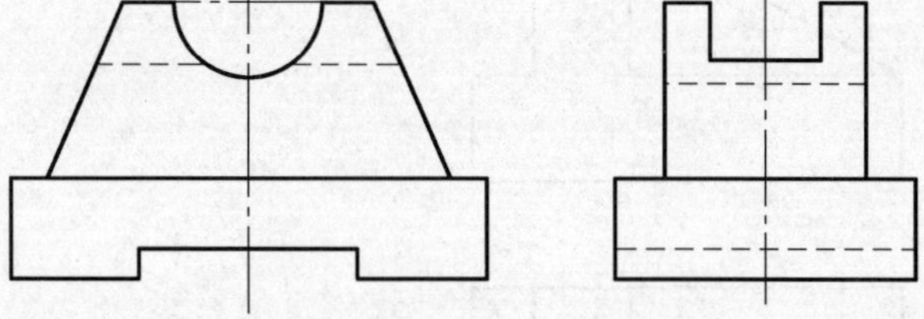

7. 根据两面视图，求作第三视图。

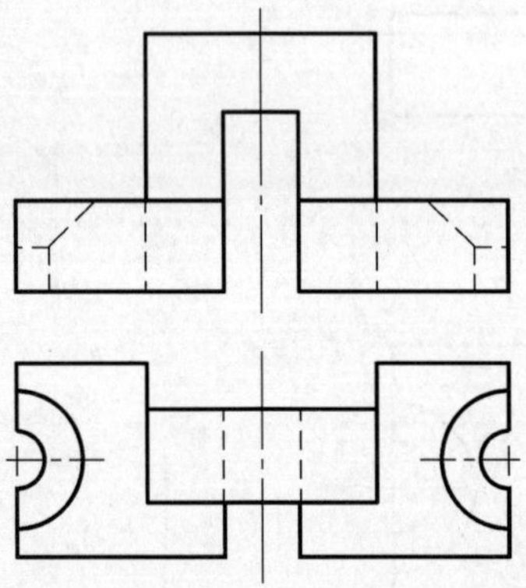

8. 根据两面视图，求作第三视图。

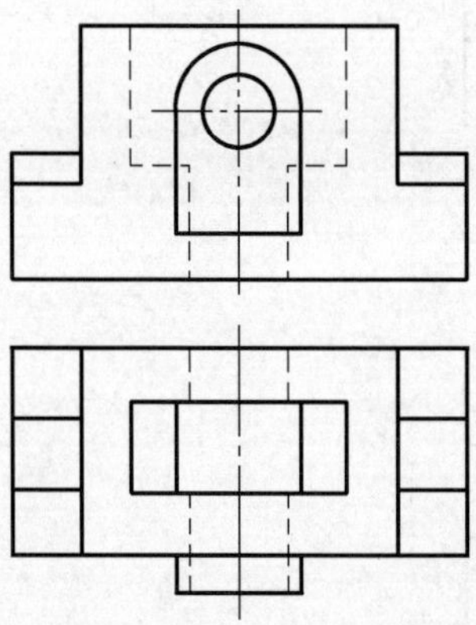

5.9 组合体的看图

班级：　　　　姓名：　　　　学号：

根据主、俯视图，找出对应的左视图。并比较前三组图中线框 a'、b'、c' 面及其相对位置，在对应左视图中标出。

主、俯视图

（1）

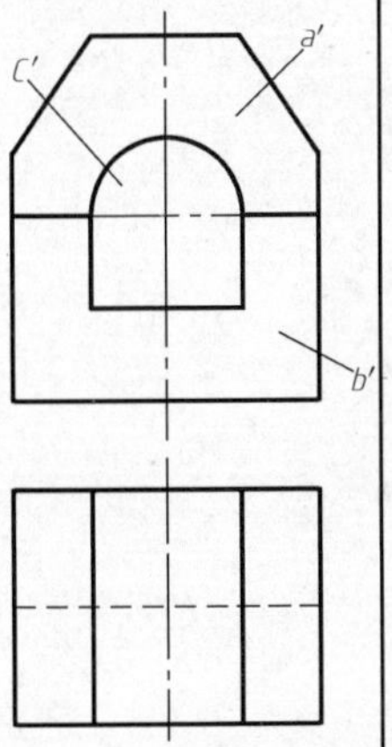

（2）

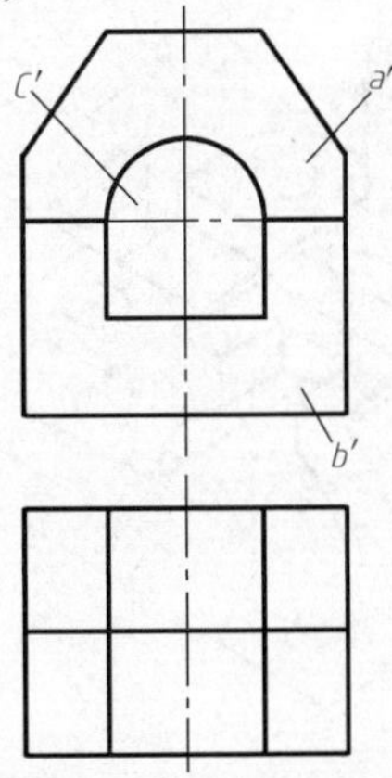

（3）

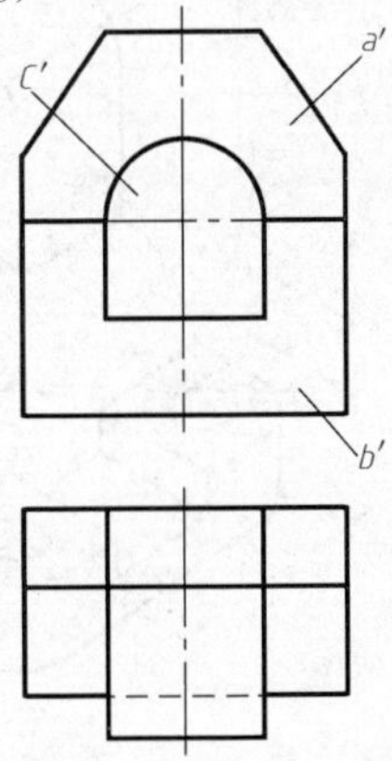

左视图

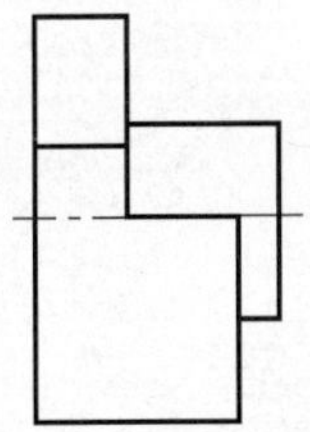

（　）

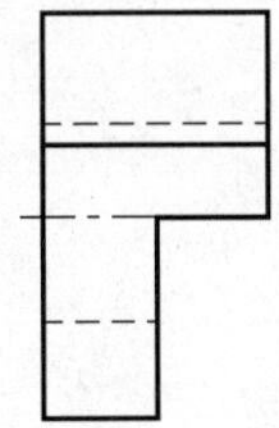

（　）

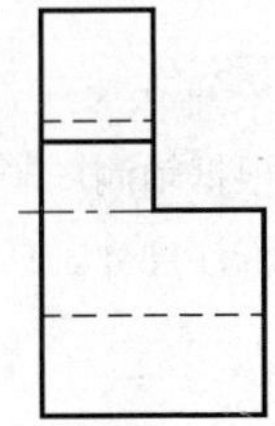

（　）

主、俯视图

A.

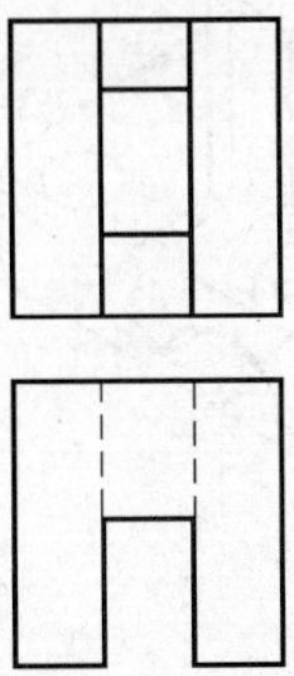

B.

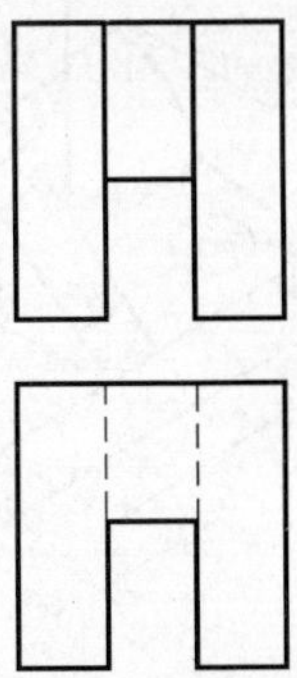

C.

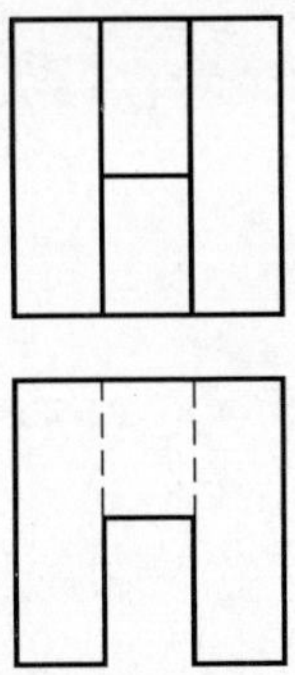

D.

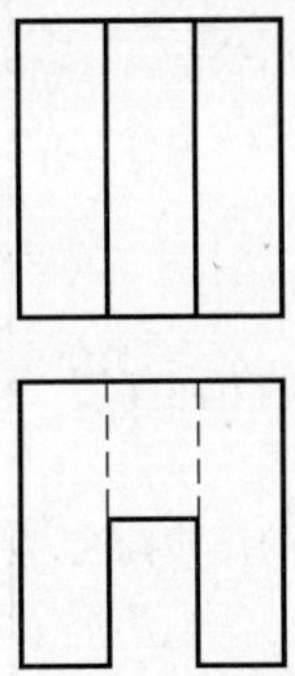

左视图

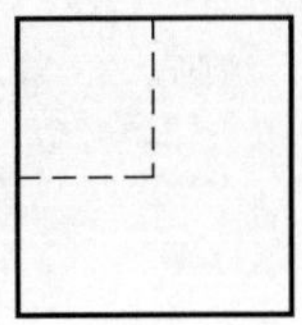

（　）

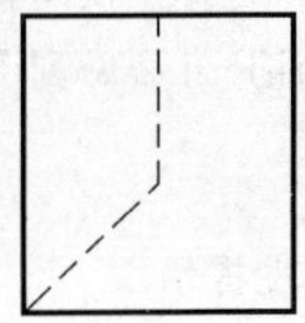

（　）

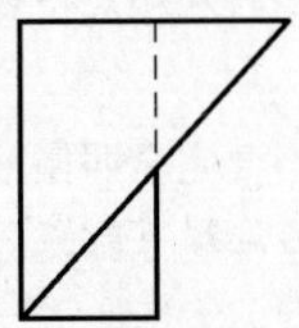

（　）

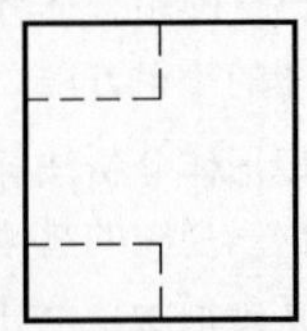

（　）

5.10 组合体三视图大作业

班级:　　姓名:　　学号:

图名：组合体三视图
图幅：A3
比例：自选

一、作业内容

1. 根据轴测图画组合体三视图。
2. 标注尺寸。

二、作业目的

1. 学习运用形体分析法画组合体三视图。
2. 学习运用形体分析法标注组合体的尺寸。

三、作业要求

1. 正确选择主视图和俯视图、左视图。
2. 标注尺寸要做到正确、齐全、清晰。

四、作业提示

1. 应用形体分析法进行形体分析。
2. 要按照正确的画图步骤画图。
3. 应以反映组合体各组成部分形状和相对位置较明显的方向作为主视图的投射方向。
4. 应用形体分析法标注尺寸，不要完全照搬轴测图上的尺寸标注，要根据三视图的具体情况重新考虑尺寸配置。
5. 若从模型测量尺寸，要取整数。

（1）

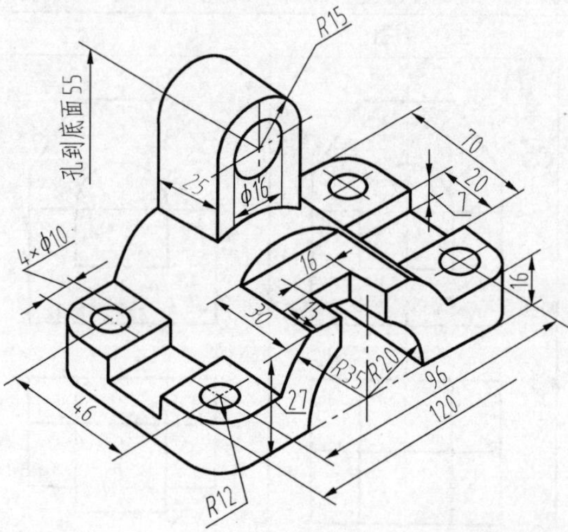

（2）

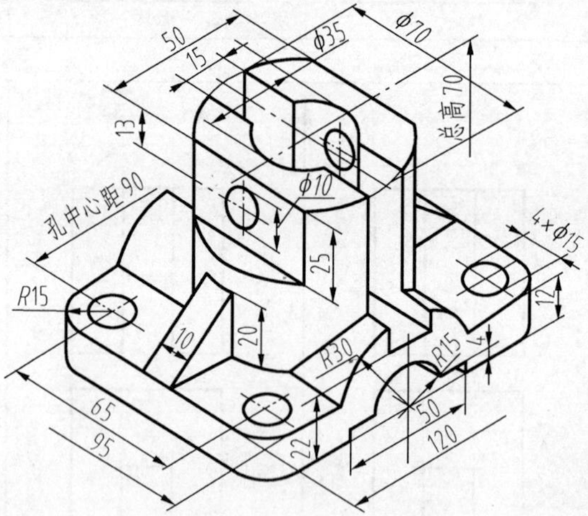

第6章 机件的基本表示法

6.1 基本视图

班级：　　　　姓名：　　　　学号：

1. 补画基本视图中的缺线。

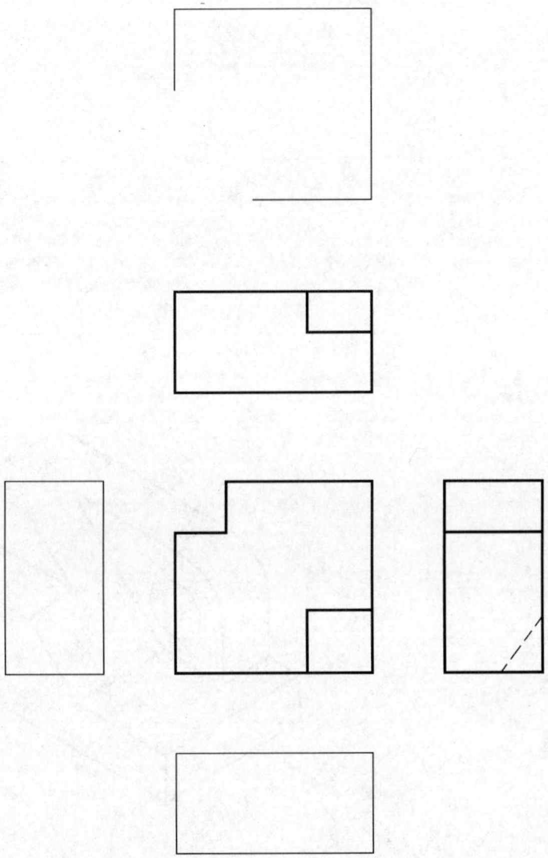

2. 根据三视图，绘制右视图。

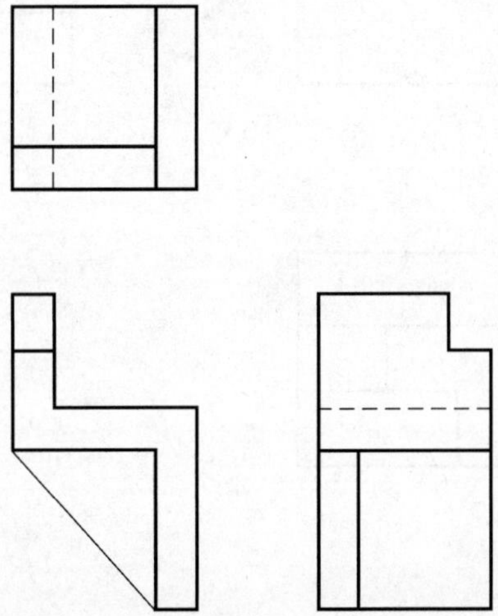

6.2 向视图

班级:　　姓名:　　学号:

根据主视图和俯视图，参照轴测图绘制 *D*、*E*、*F* 3个方向的向视图。

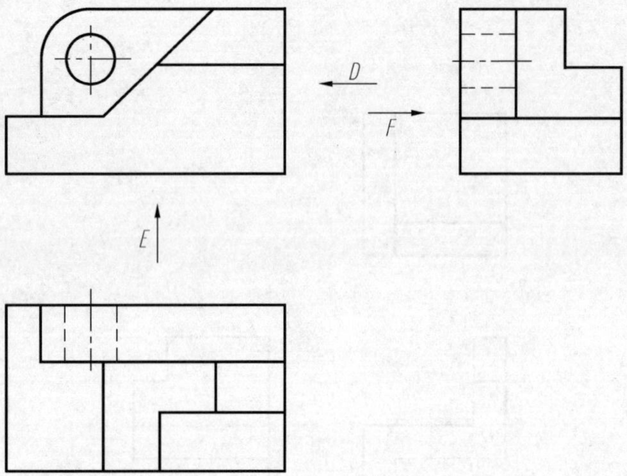

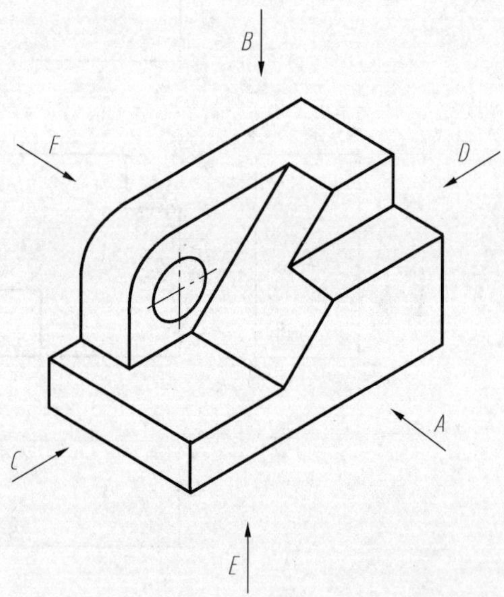

6.3 局部视图、斜视图

班级:　　　　姓名:　　　　学号:

1. 在右图内画出左图所标注的 *A* 向斜视图和 *B* 向局部视图，并进行标注。

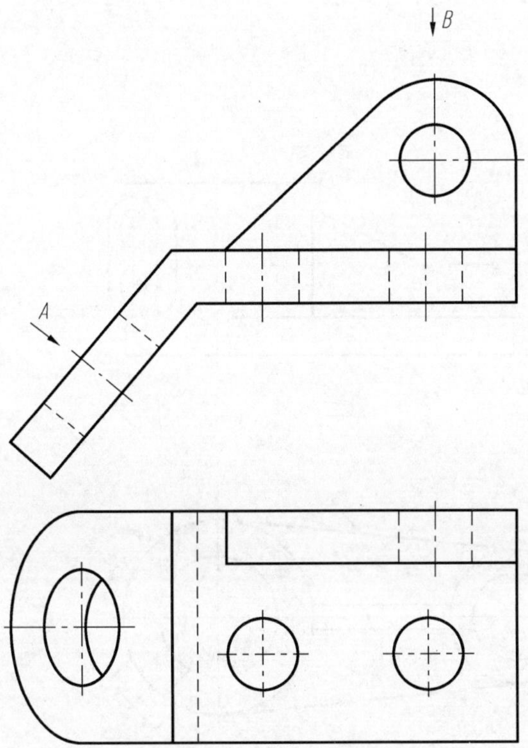

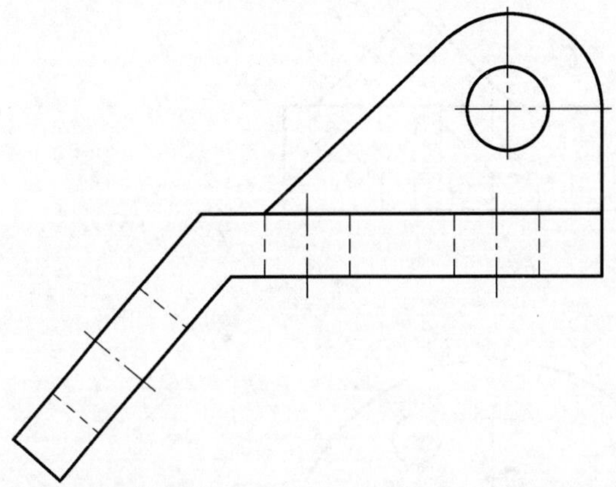

6.3 局部视图、斜视图

班级：　　　　姓名：　　　　学号：

2. 画出 *A* 向斜视图。

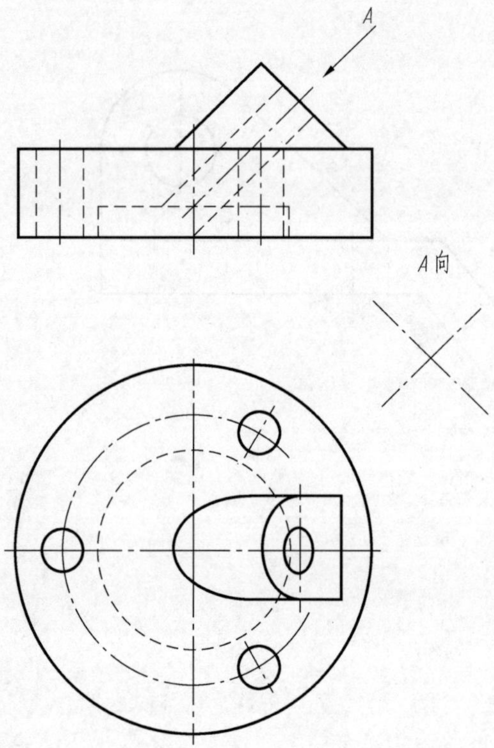

3. 画出 *A* 向斜视图和 *B* 向局部视图。

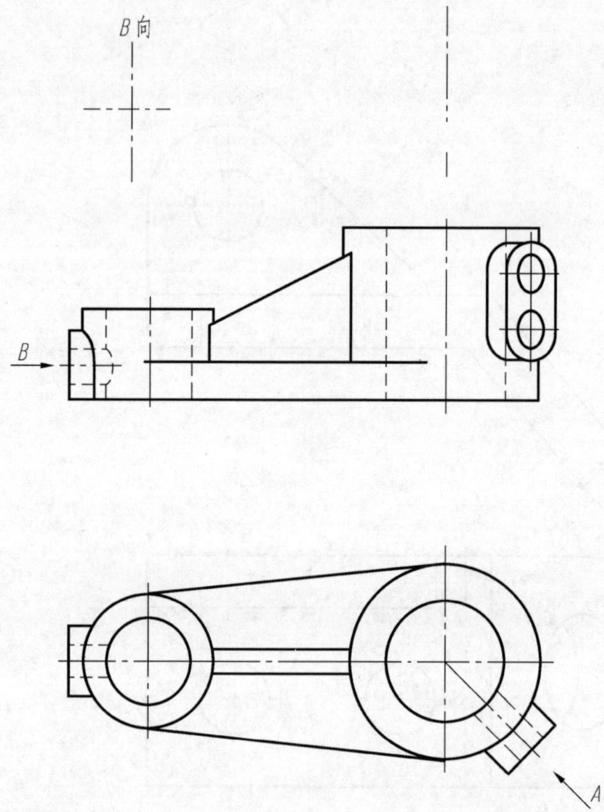

6.4 画简单物体的剖视图

班级：　　　　姓名：　　　　学号：

1. 在原图上将主视图改画为剖视图。

①

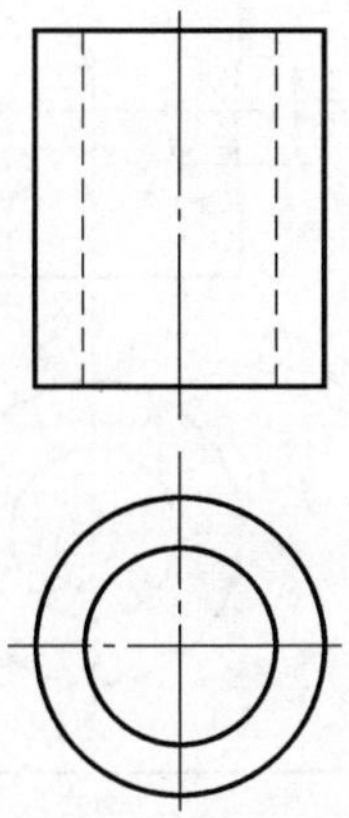

②

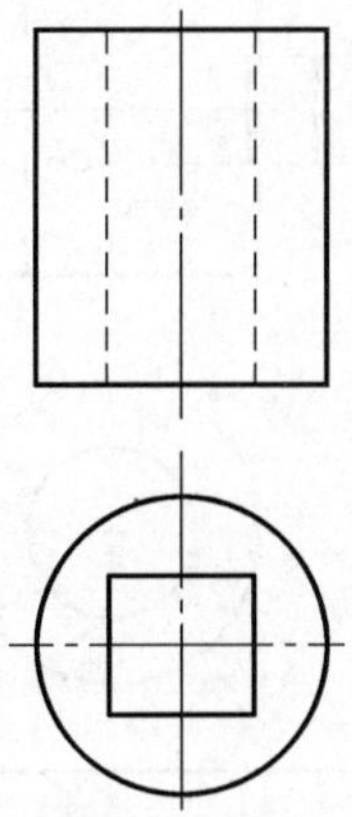

③

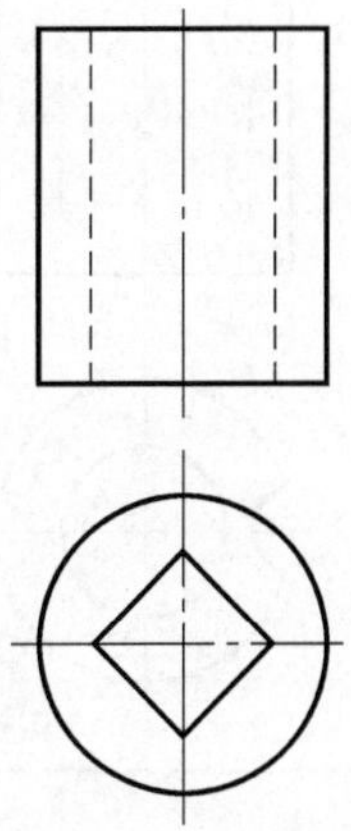

④

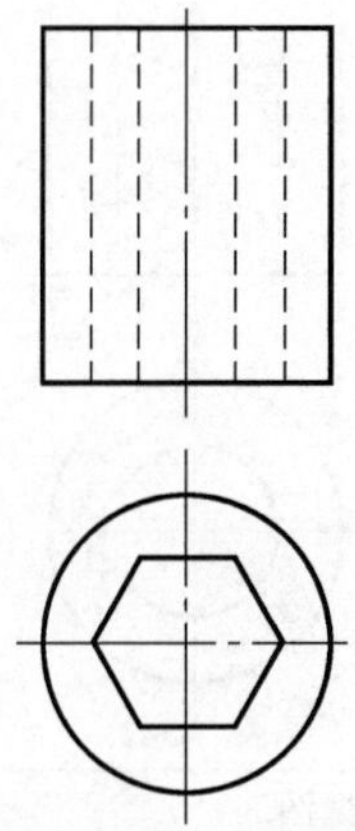

⑤

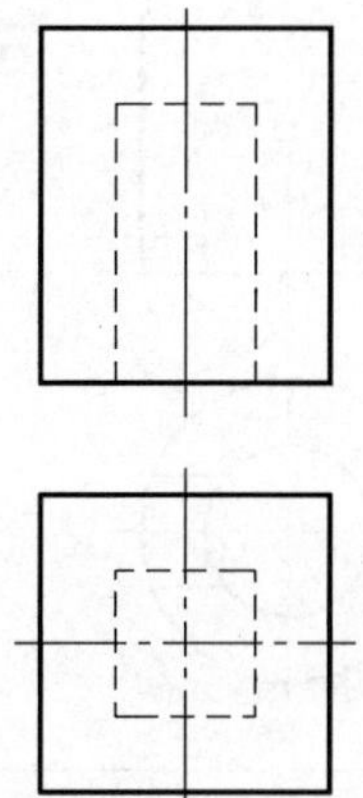

⑥

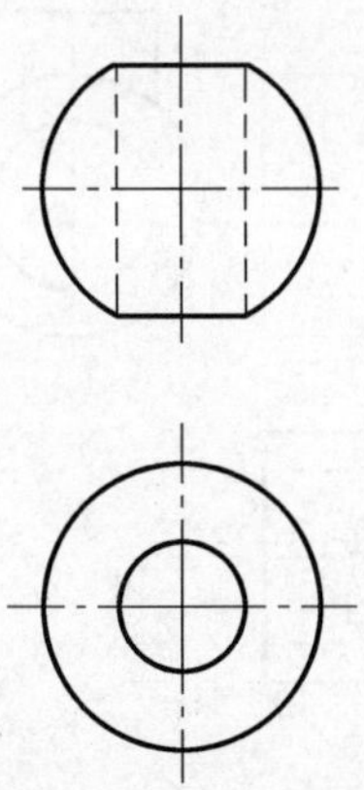

⑦

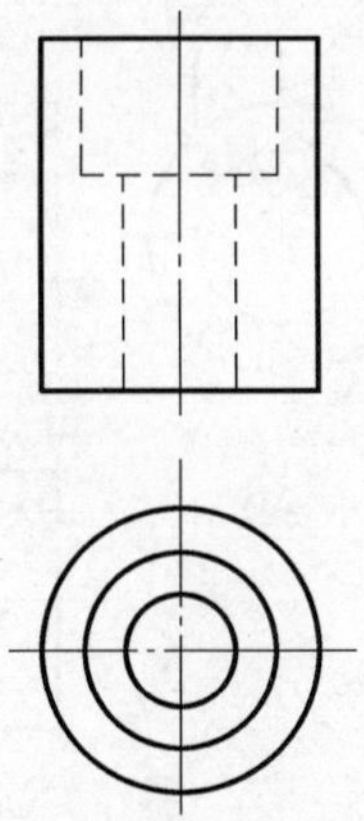

⑧

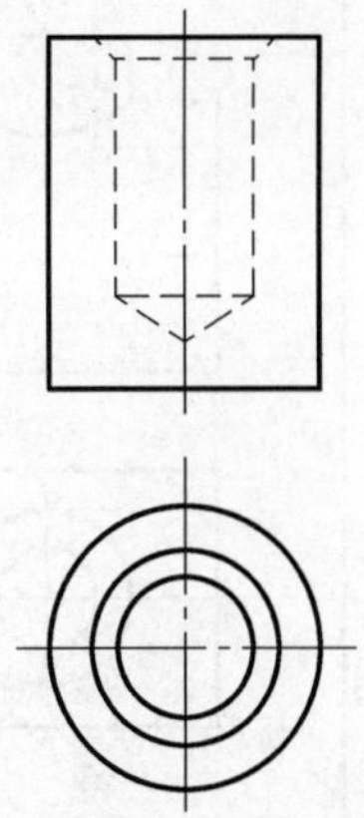

⑨

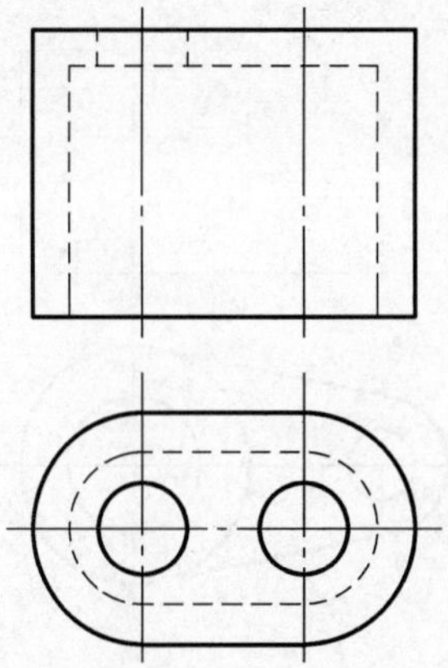

⑩

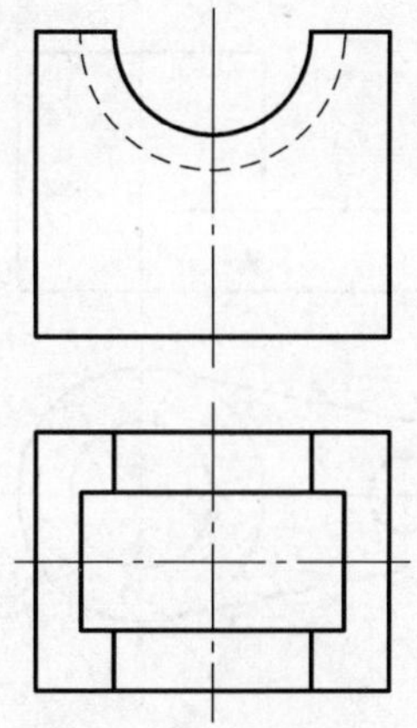

6.4 画简单物体的剖视图

班级：　　　　姓名：　　　　学号：

⑪

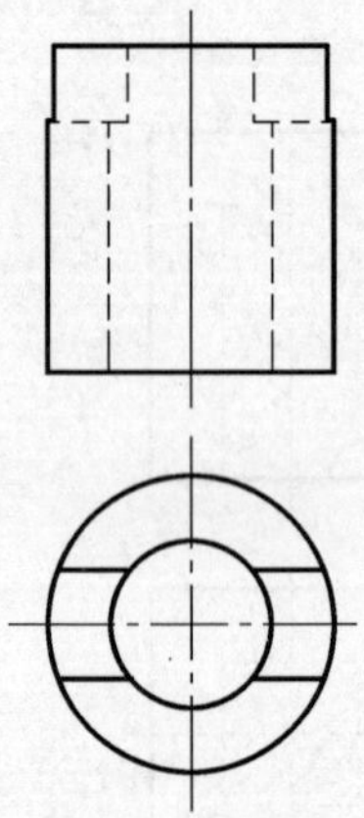

⑫

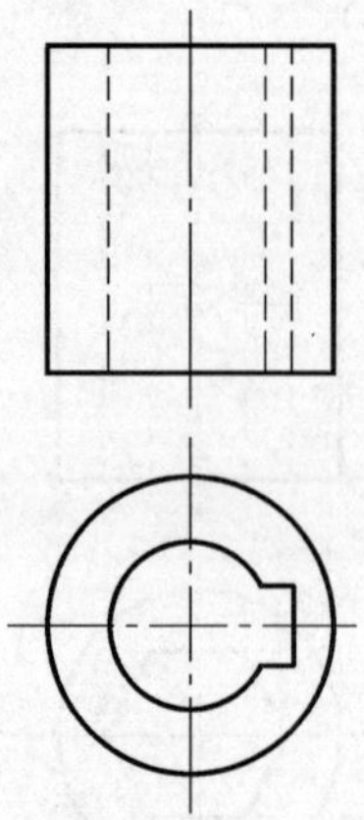

⑬

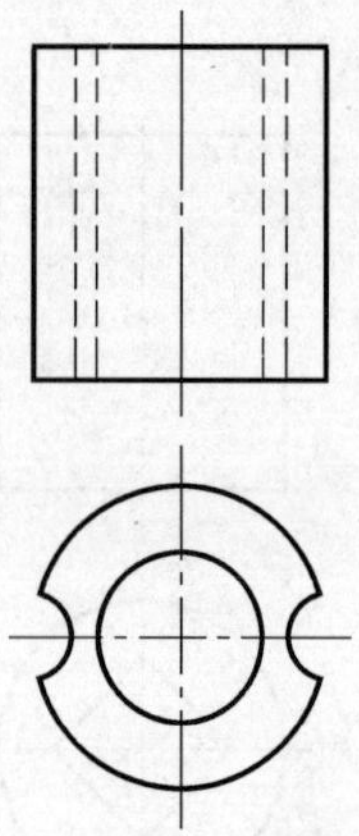

⑭

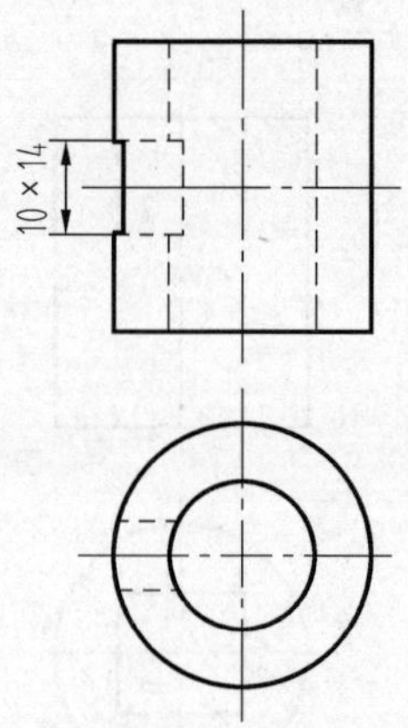

⑮

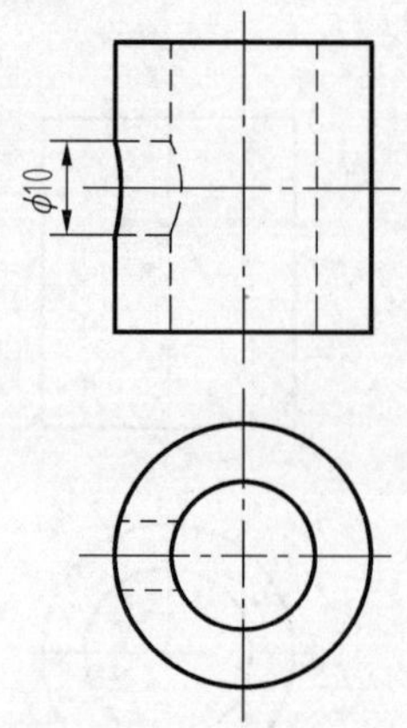

2. 根据左边视图，在右图中将主视图改画为剖视图。

①

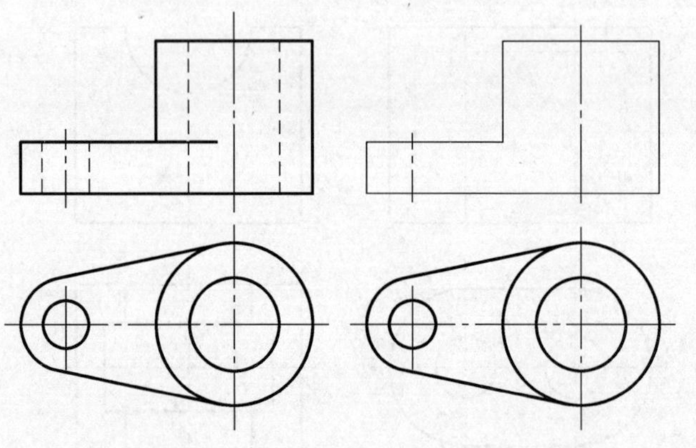

②

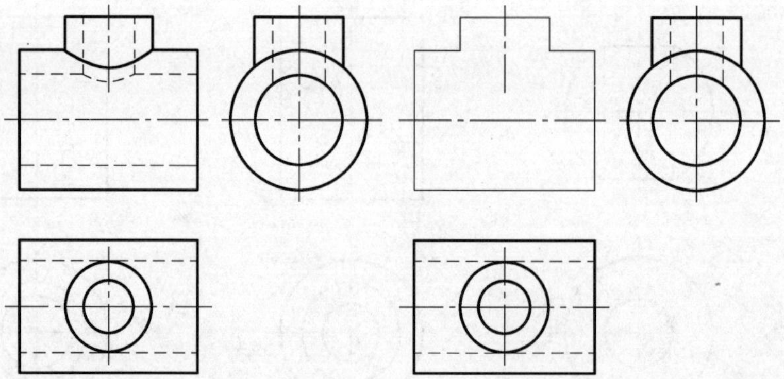

6.4 画简单物体的剖视图

班级:　　　　姓名:　　　　学号:

3. 补画剖视图中的缺线。

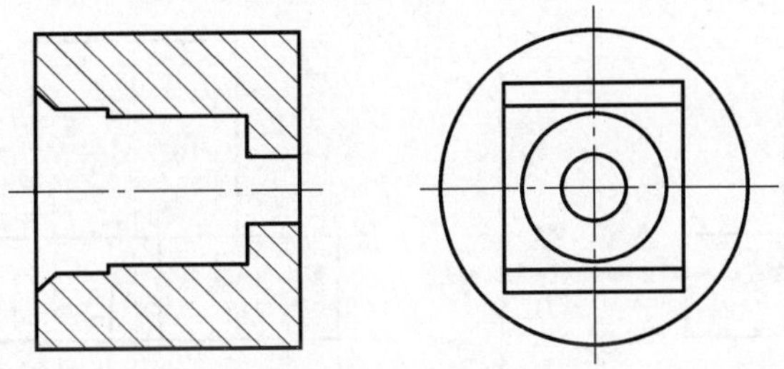

②

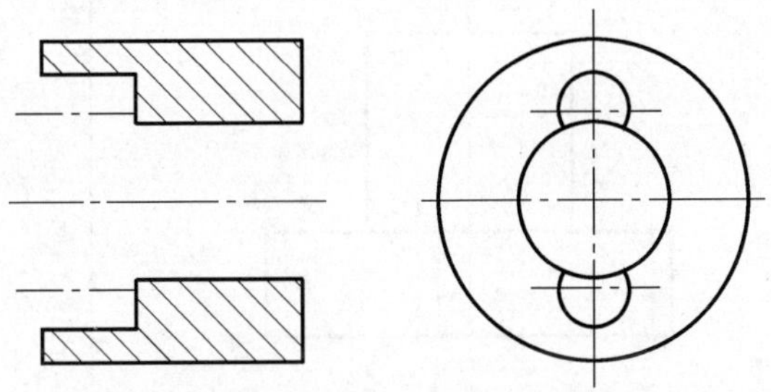

④

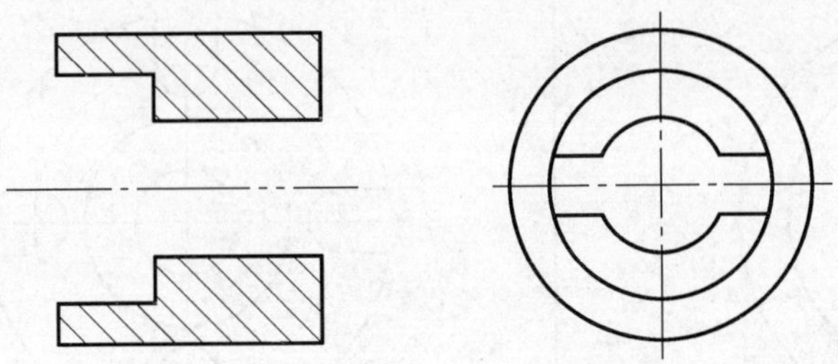

①

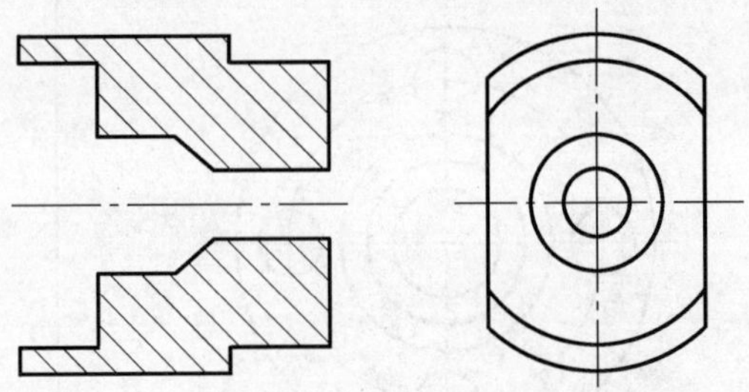

③

6.5 全部视图

班级:　　　　姓名:　　　　学号:

1. 将主视图改画为全剖视图。

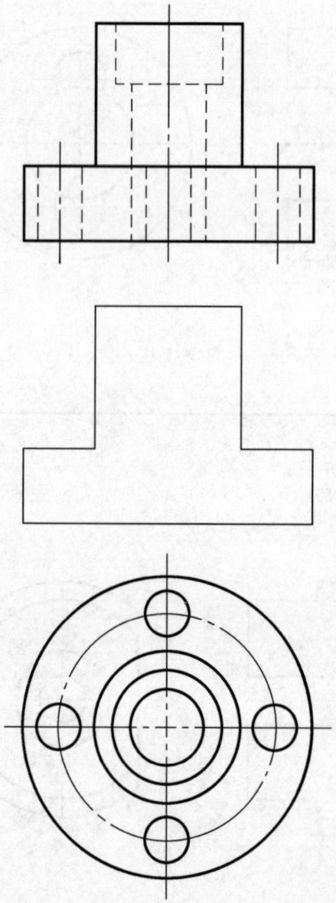

2. 将主视图改画为全剖视图。

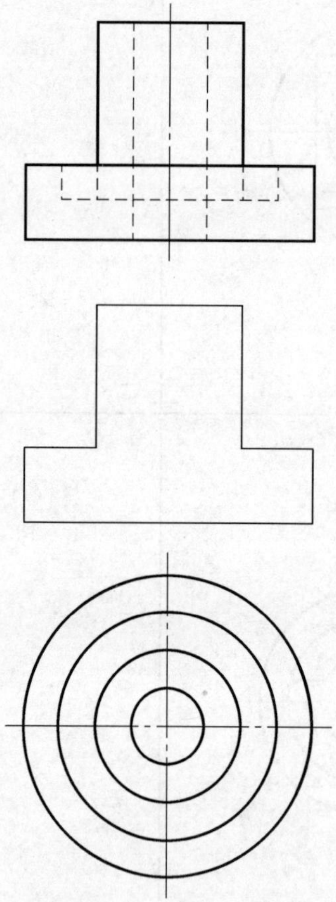

3. 将主视图改画为全剖视图。

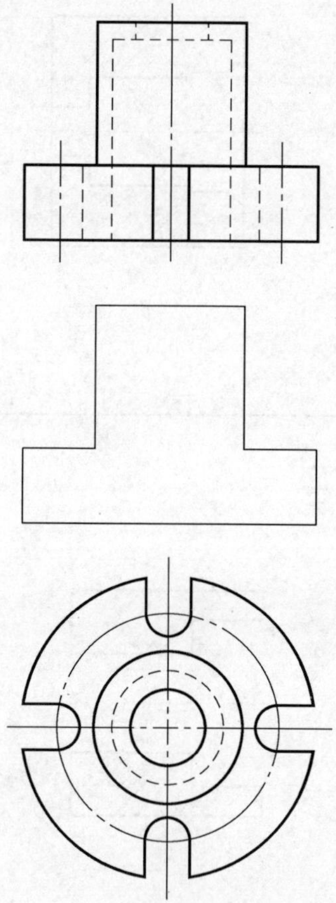

6.5 全剖视图

班级:　　　　姓名:　　　　学号:

4. 将主视图改画为全剖视图。

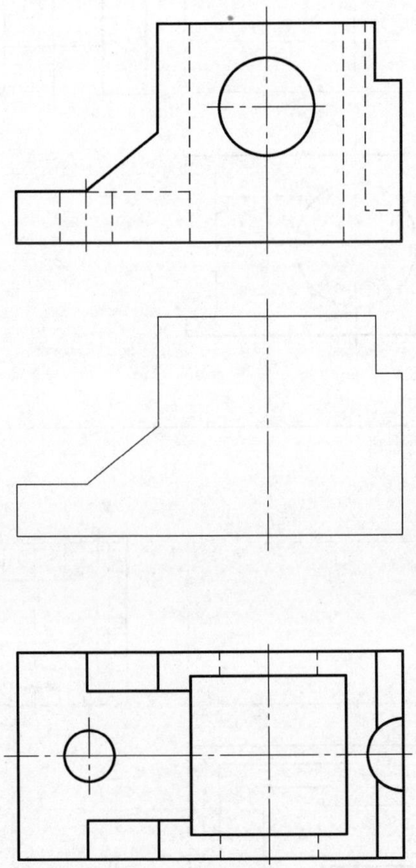

5. 将主视图改画为全剖视图。

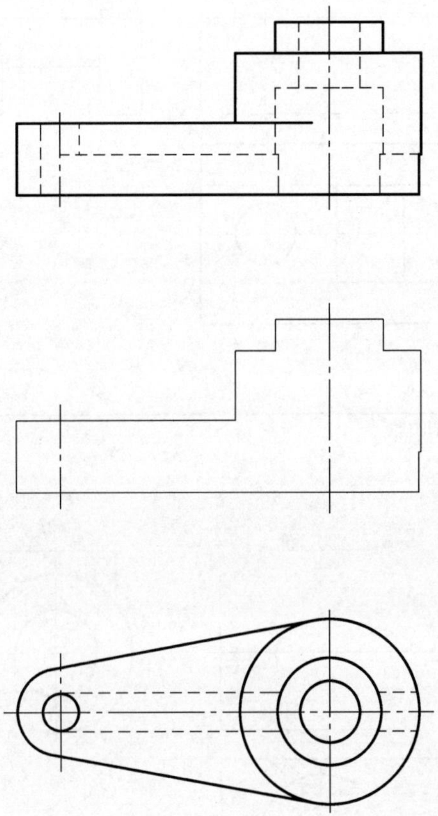

6.5 全剖视图

班级:　　　　姓名:　　　　学号:

6. 将主视图画为全剖视图。

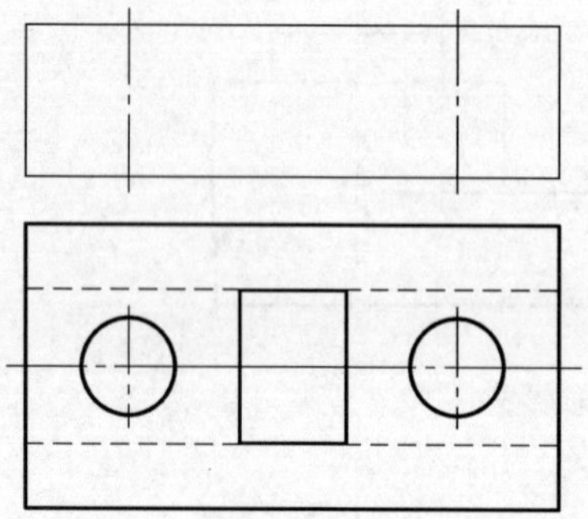

7. 将主视图画为全剖视图。

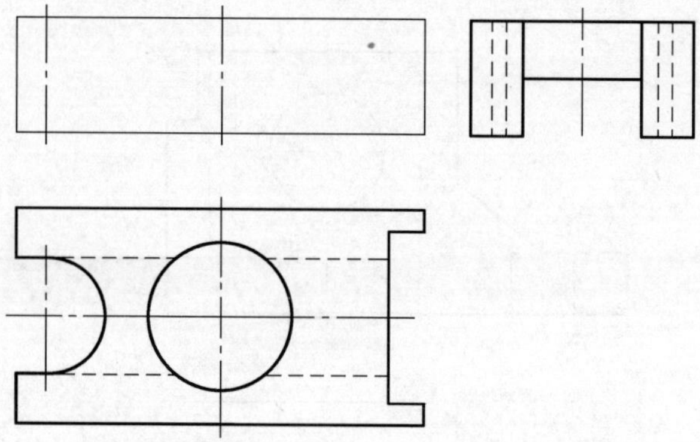

8. 将主视图画为全剖视图。

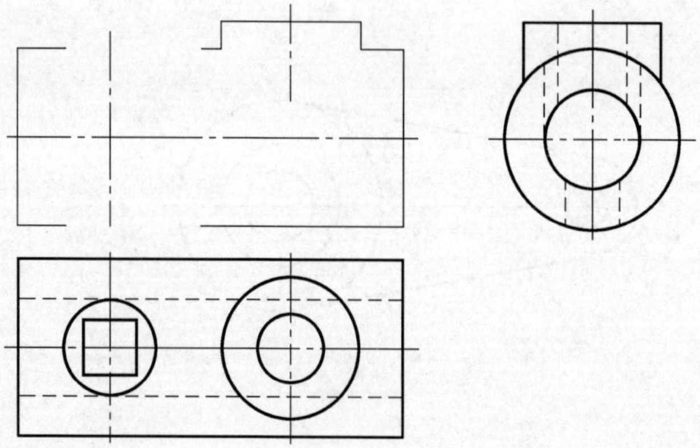

9. 将主视图画为全剖视图。

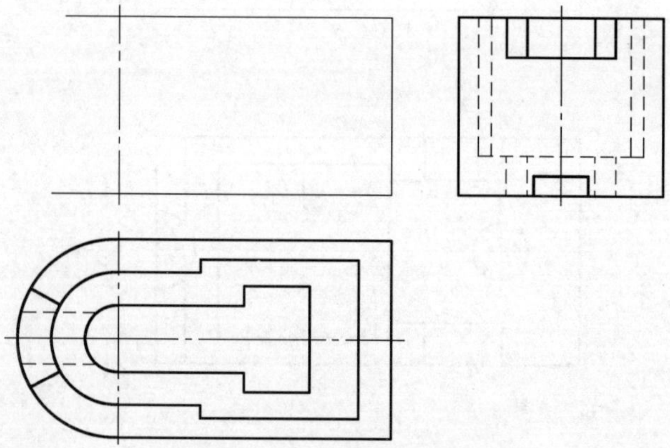

6.6 将剖视图改画为视图

班级:　　　　姓名:　　　　学号:

1. 看懂剖视图，将剖视图改画为视图。

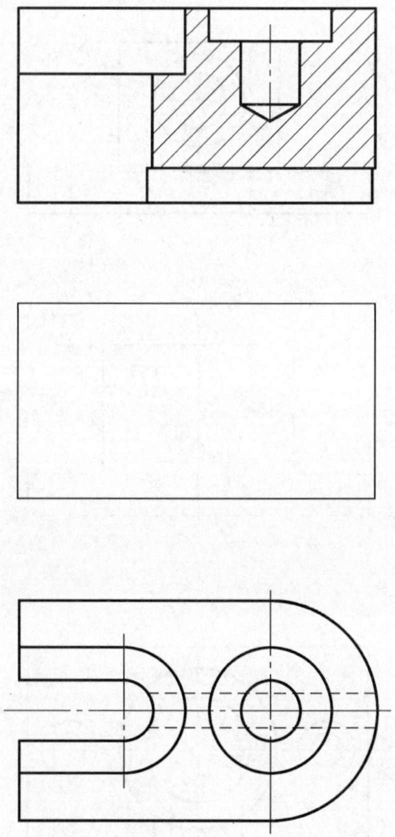

2. 看懂剖视图，将剖视图改画为视图。

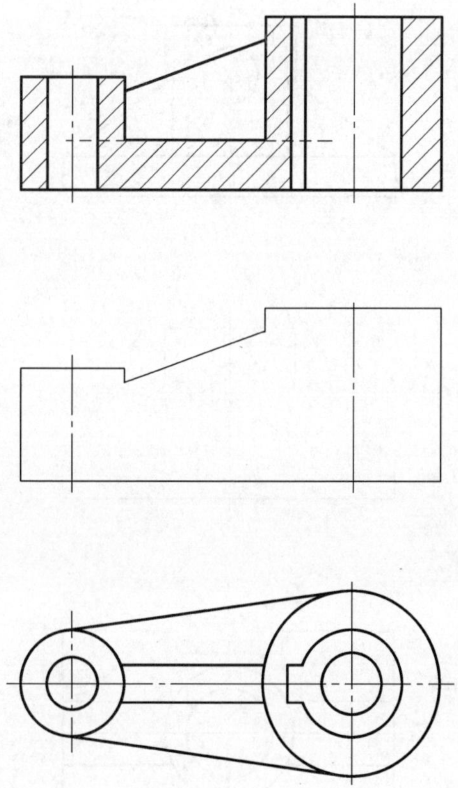

3. 看懂剖视图，将剖视图改画为视图。

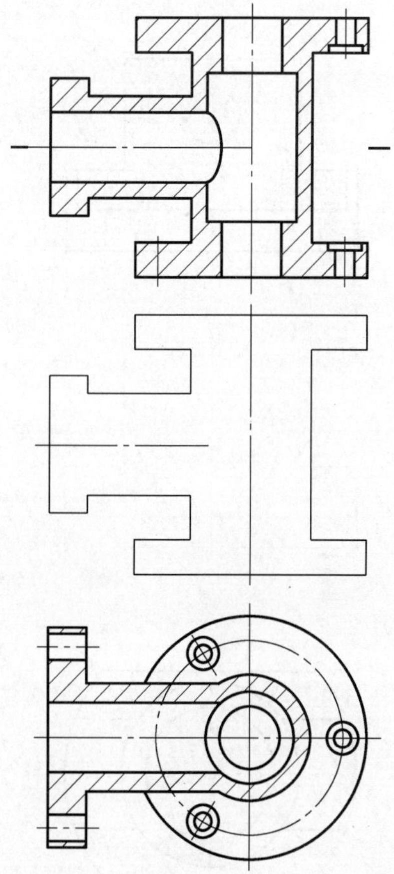

6.7 半剖视图

班级:　　　　姓名:　　　　学号:

1. 将主视图改画为半剖视图。

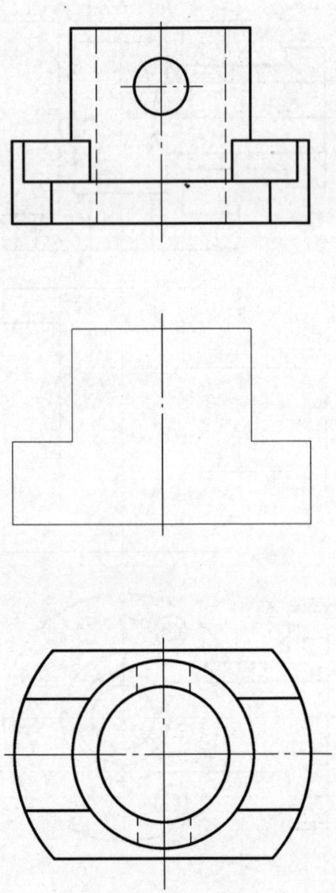

2. 将主视图改画为半剖视图。

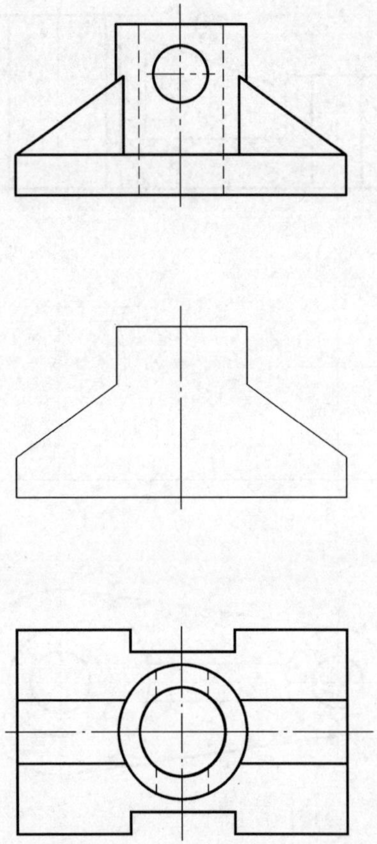

3. 将主视图改画为半剖视图。

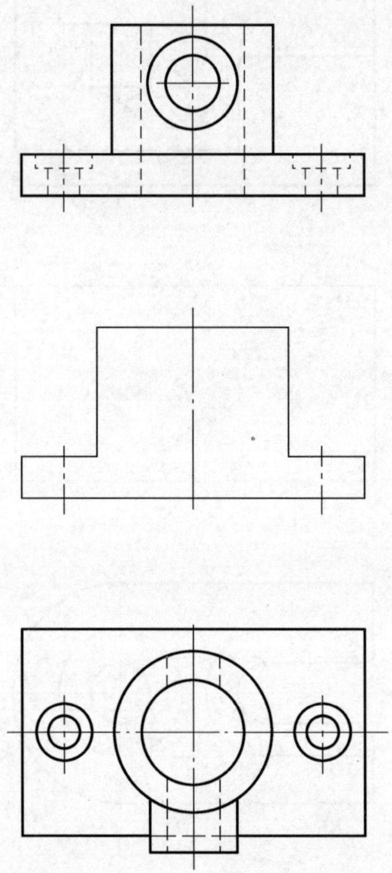

6.7 半剖视图

班级:　　　　姓名:　　　　学号:

4. 选择正确的半剖视图。

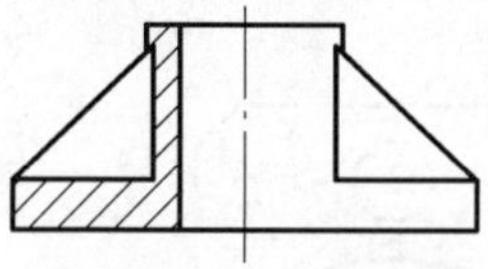

( )

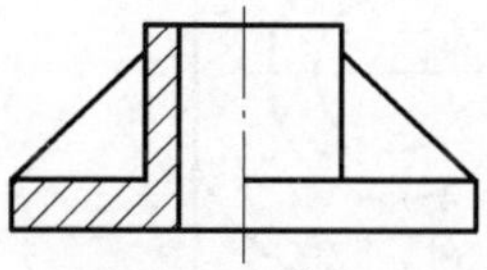

( )

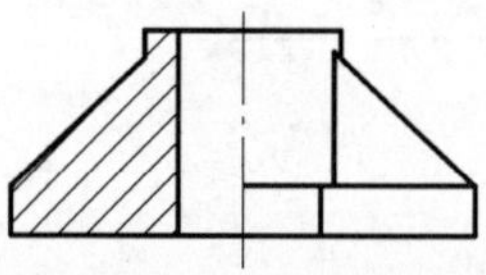

( )

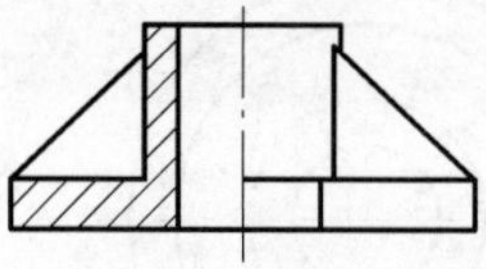

( )

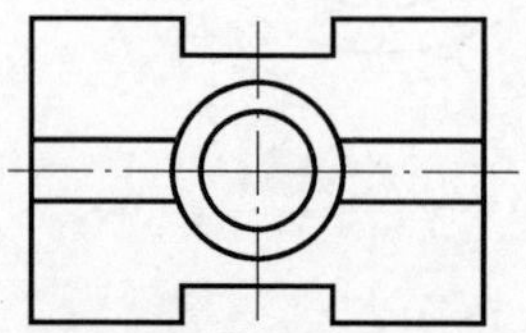

5. 选择正确的半剖视图。

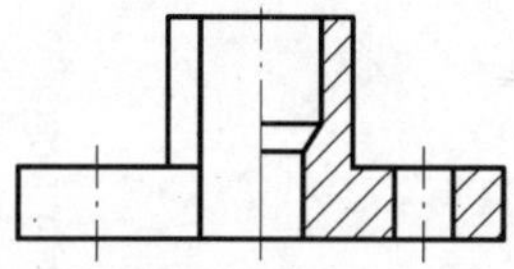

( )

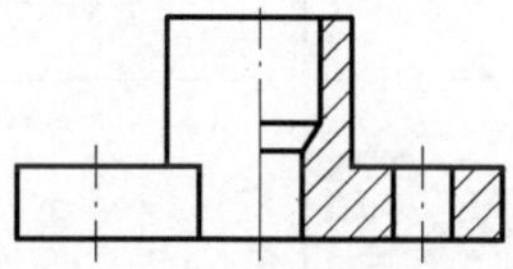

( )

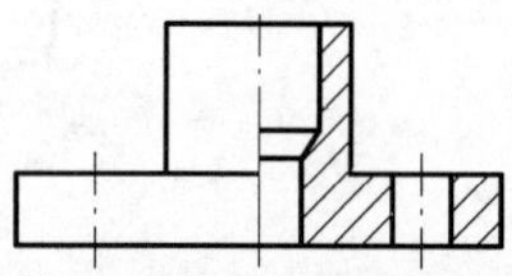

( )

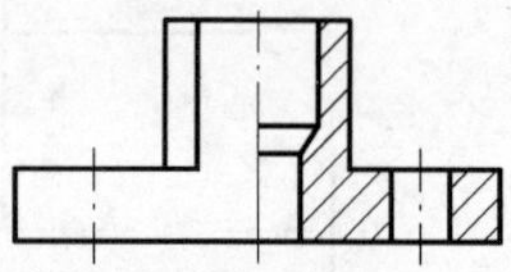

( )

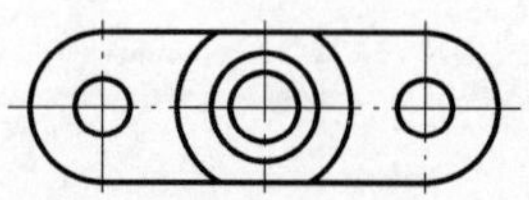

6. 选择正确的半剖视图。

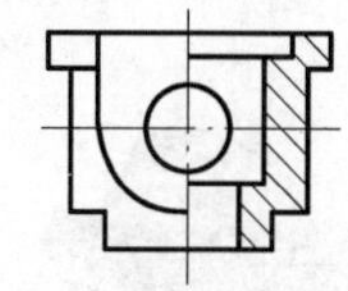

( )

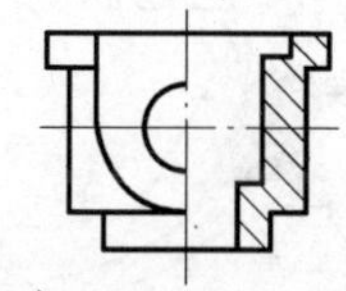

( )

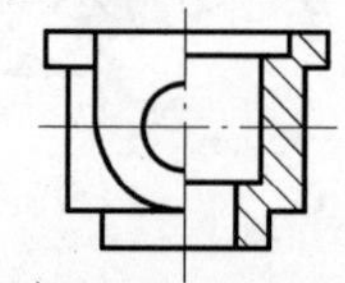

( )

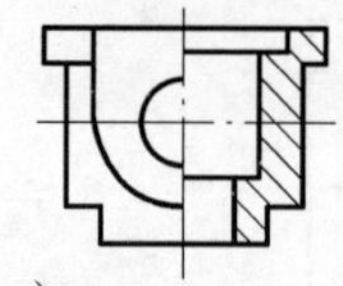

( )

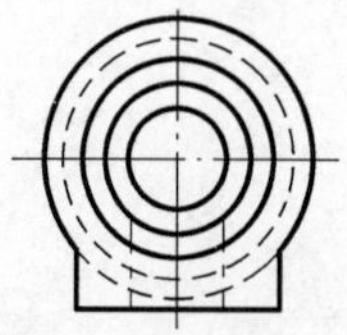

7. 选择正确的半剖视图。

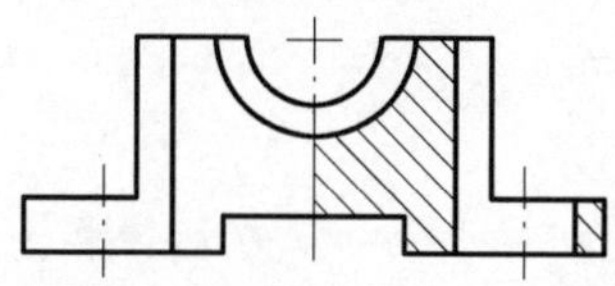

( )

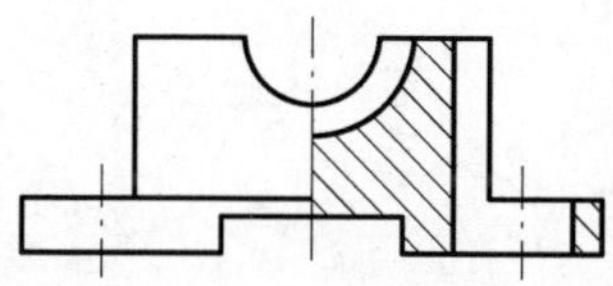

( )

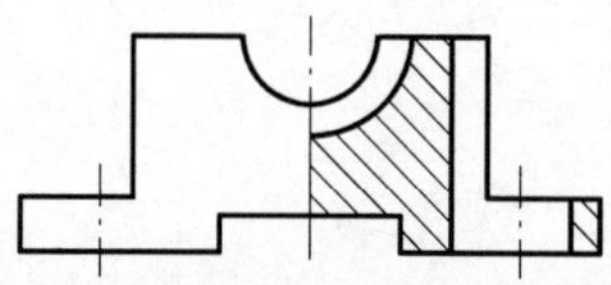

( )

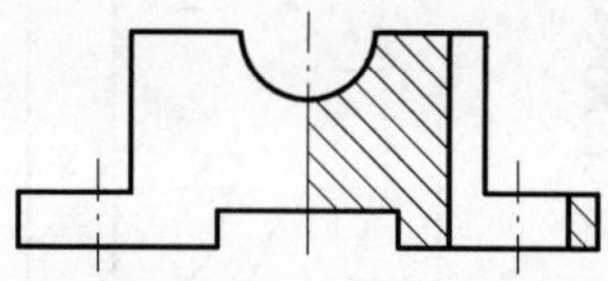

( )

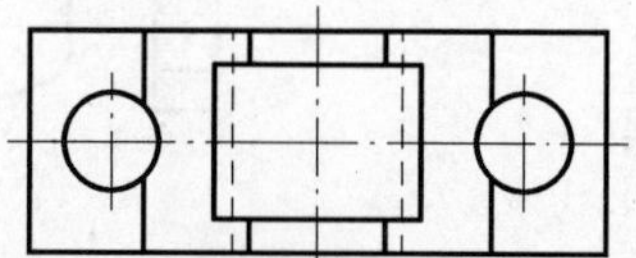

6.7 半剖视图

班级：　　　　姓名：　　　　学号：

8. 画剖视图、补画剖视图中的缺线。

① 将主视图画成半剖视图、左视图画成全剖视图。

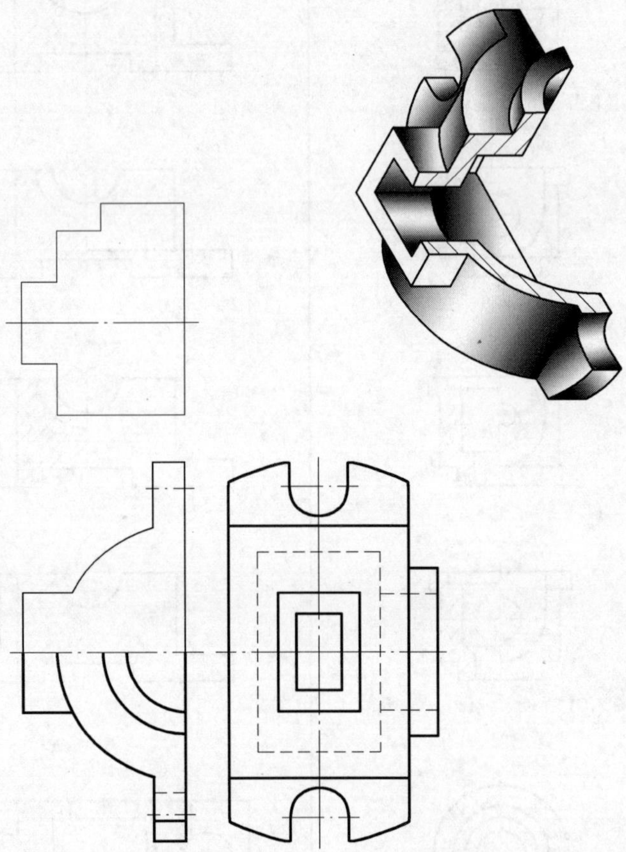

② 补全主视图中的缺线。

a.

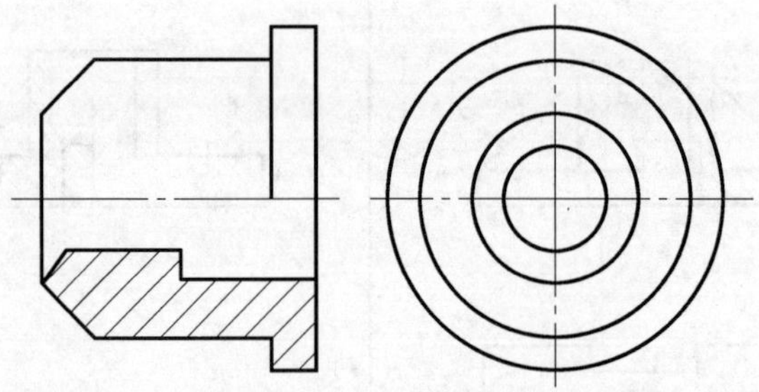

b.

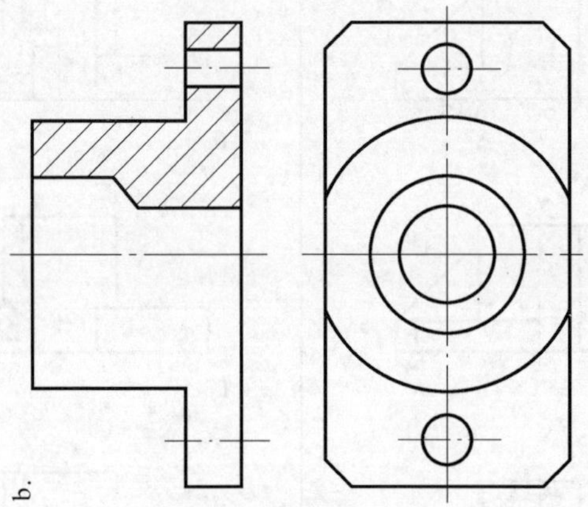

6.8 局部剖视图

班级:　　　　姓名:　　　　学号:

1. 将主视图改画为局部剖视图。

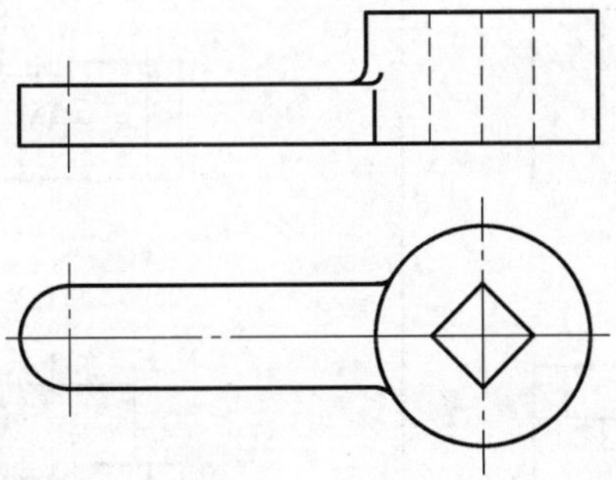

2. 将主、左视图改画为局部剖视图。

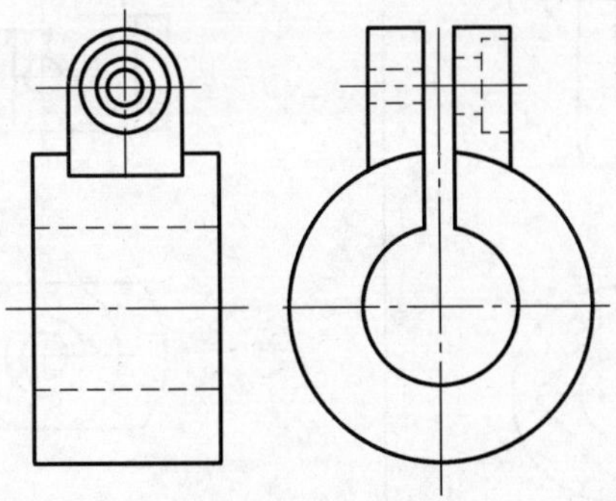

3. 将主、俯视图改画为局部剖视图。

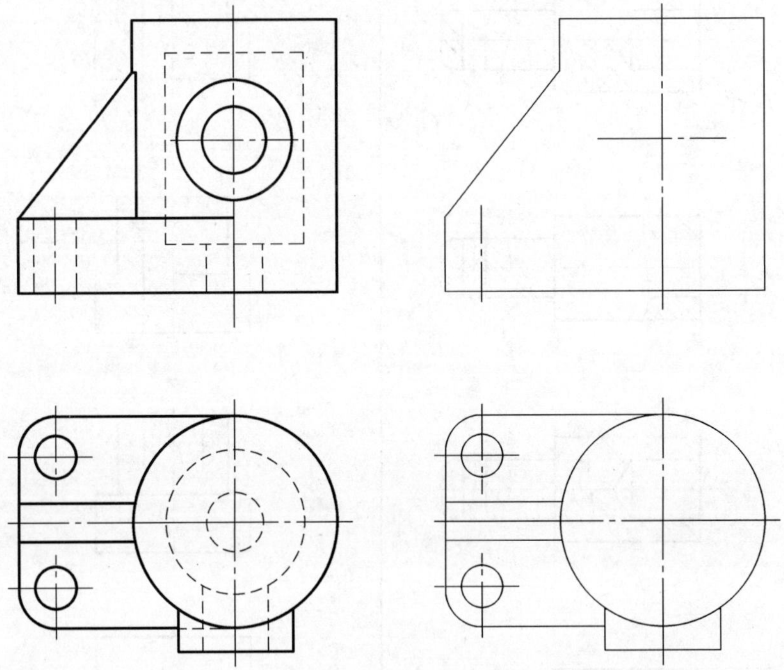

4．选择正确的局部剖视图。

①

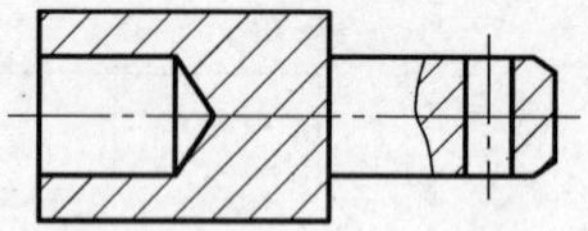

(　)

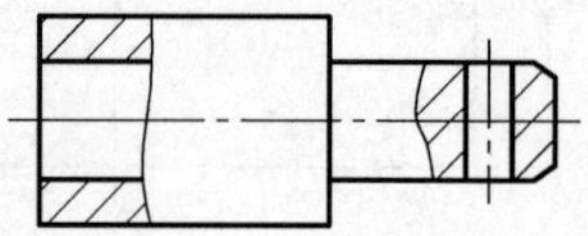

(　)

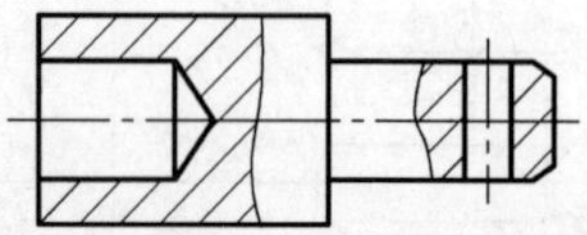

(　)

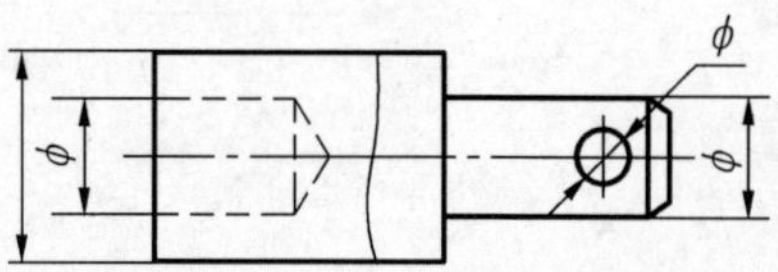

②

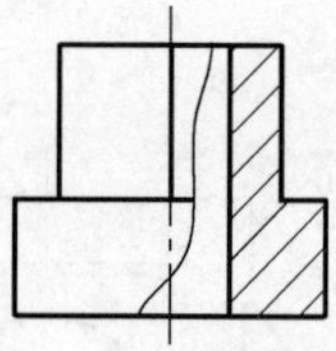

(　)

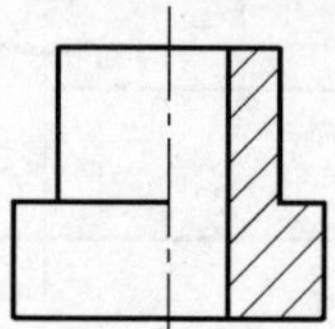

(　)

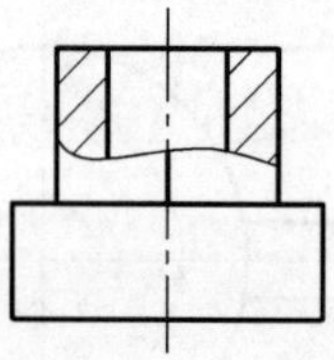

(　)

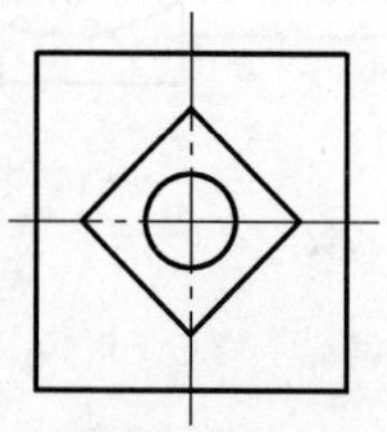

③

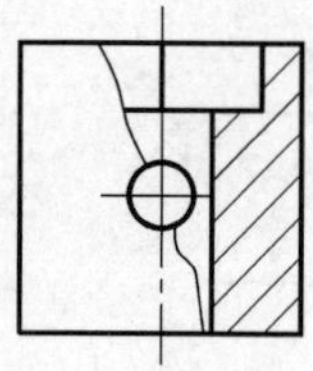

(　)

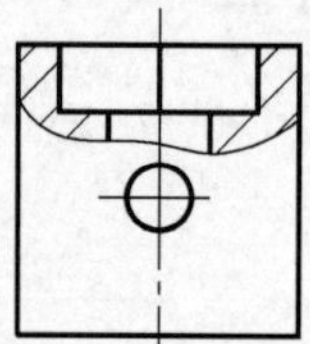

(　)

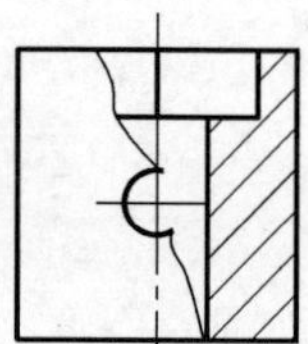

(　)

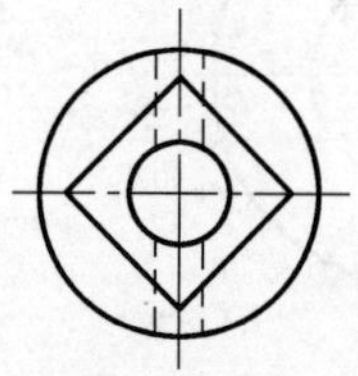

④

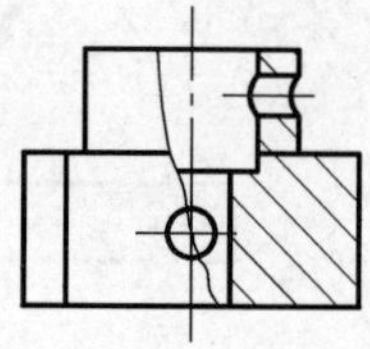

(　)

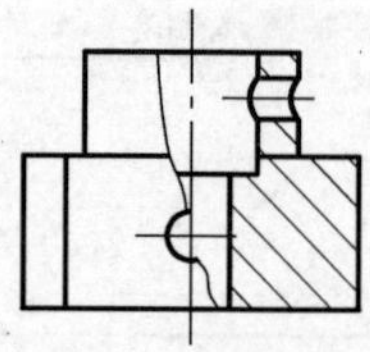

(　)

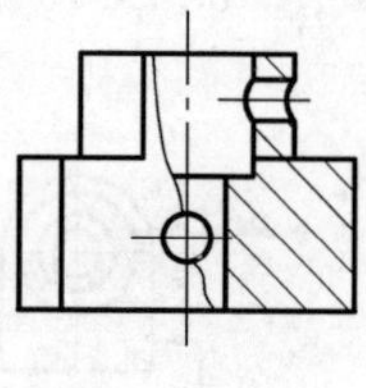

(　)

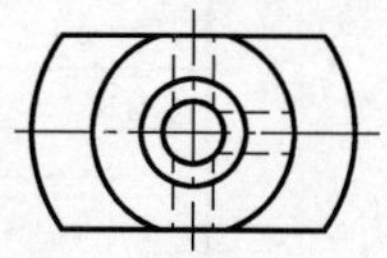

6.9 剖切面的种类 — 单一斜剖切平面

班级:　　　　姓名:　　　　学号:

1. 作 A—A 单一斜剖切平面的全剖视图。

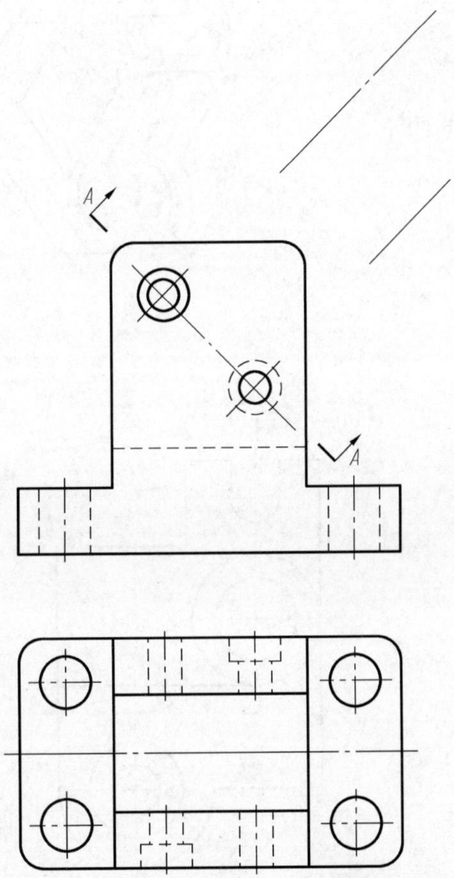

2. 作 A—A 单一斜剖切平面的全剖视图。

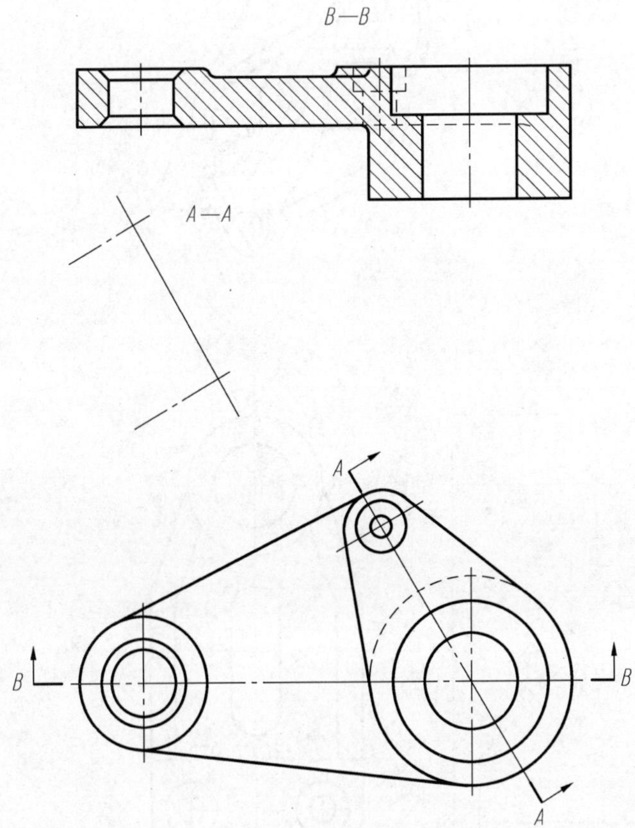

6.10 剖切面的种类——几个平行剖切平面

班级:　　　　姓名:　　　　学号:

1. 作几个平行剖切平面的全剖视图。

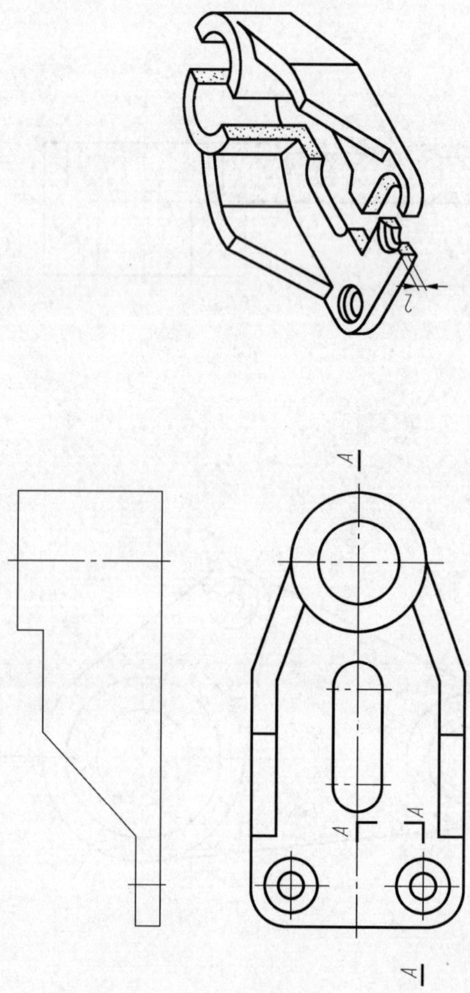

2. 作几个平行剖切平面的全剖视图。

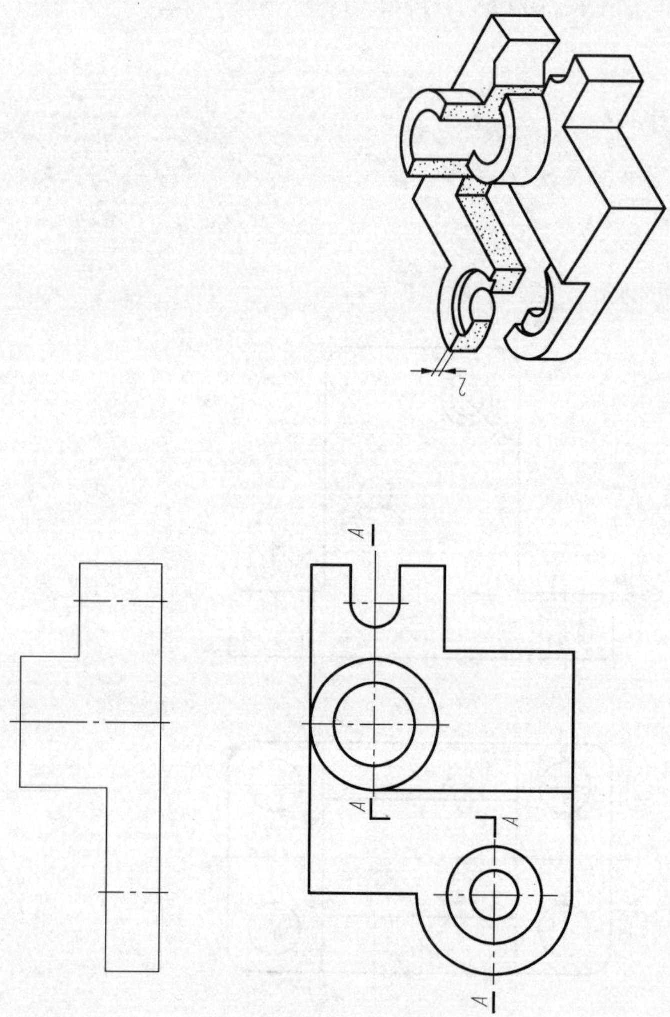

6.10 剖切面的种类——几个平行剖切平面	班级： 姓名： 学号：

3. 作几个平行剖切面的全剖视图，注意进行适当的标注。

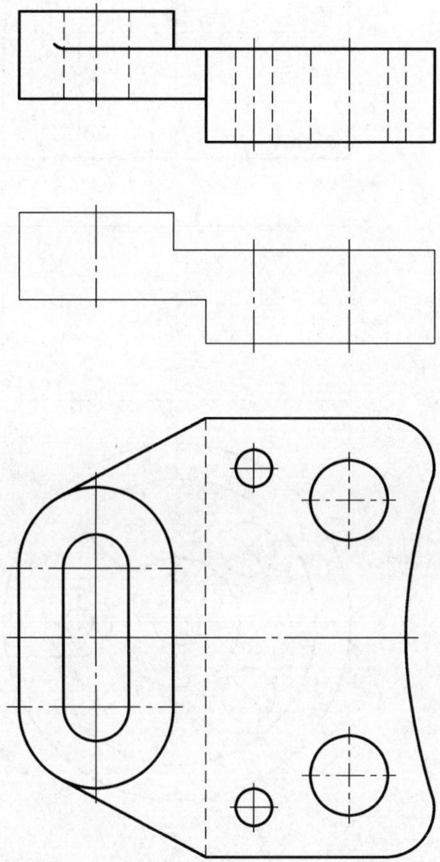

4. 作几个平行剖切面的全剖视图，注意进行适当的标注。

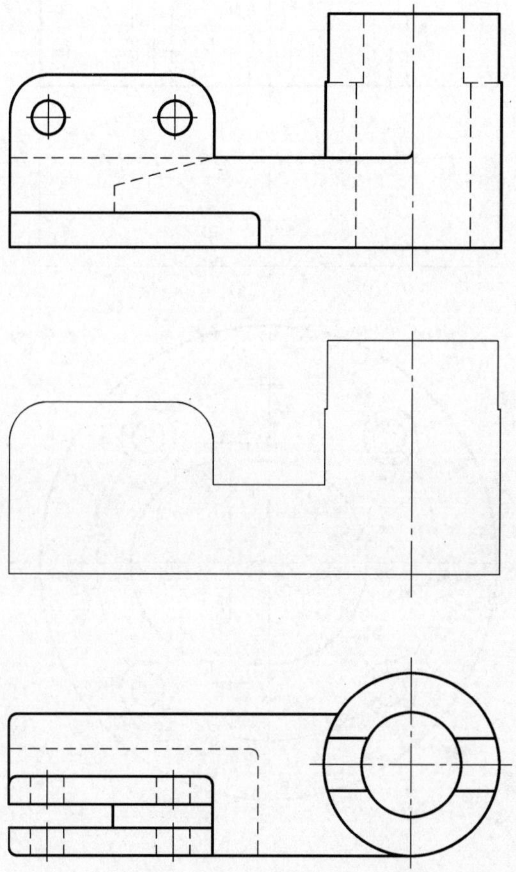

6.11 剖切面的种类——几个相交剖切平面

班级:　　　姓名:　　　学号:

1. 作几个相交剖切面的全剖视图。

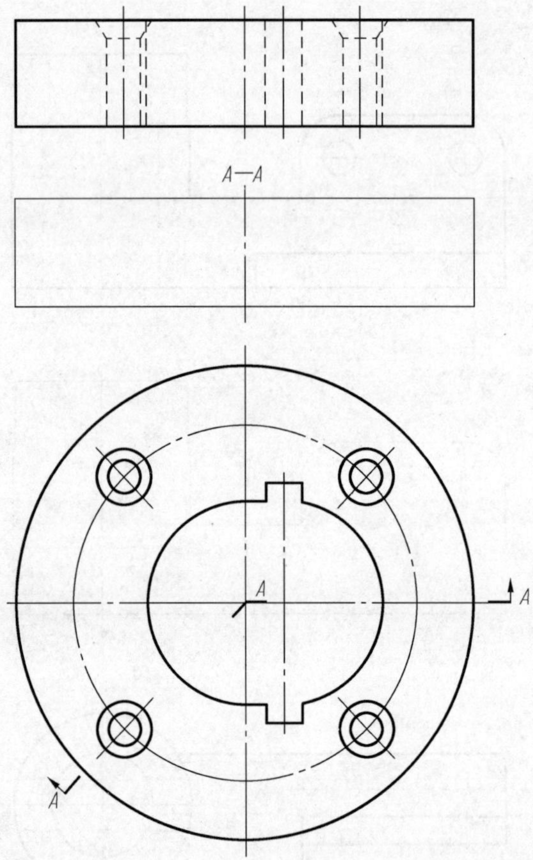

2. 作几个相交剖切面的全剖视图。

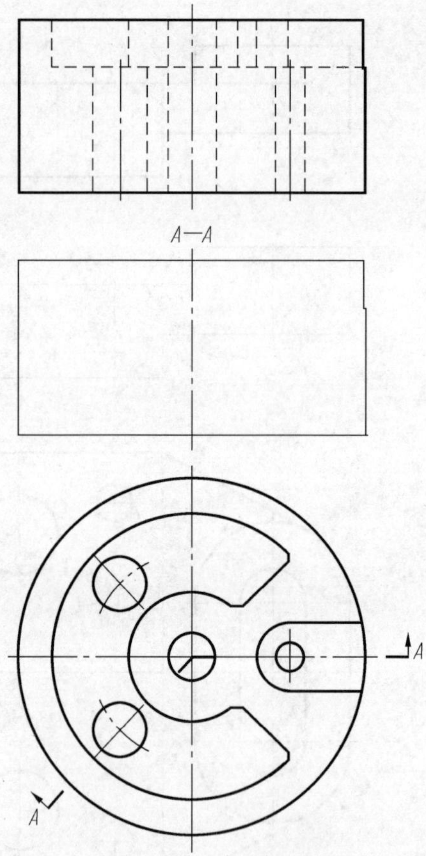

6.11 剖切面的种类——几个相交剖切平面

班级：　　　　姓名：　　　　学号：

3. 作几个相交剖切面的全剖视图。

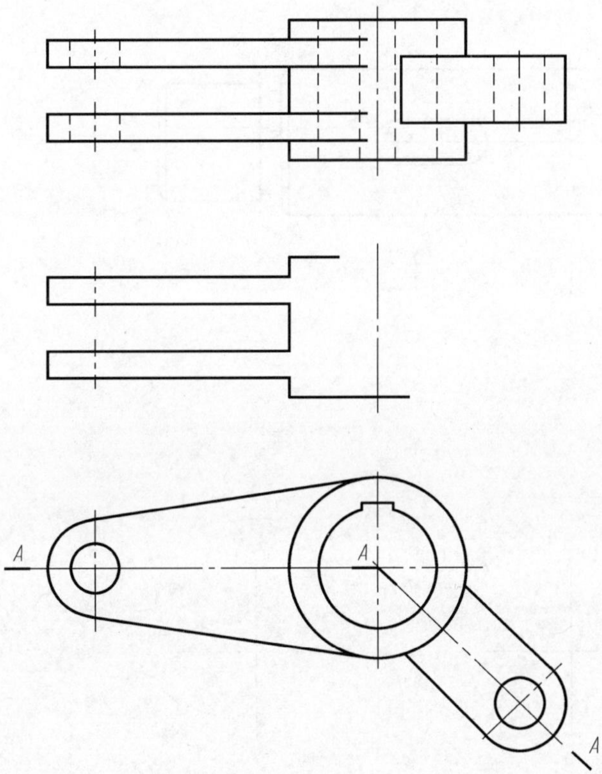

4. 作几个相交剖切面的全剖视图。

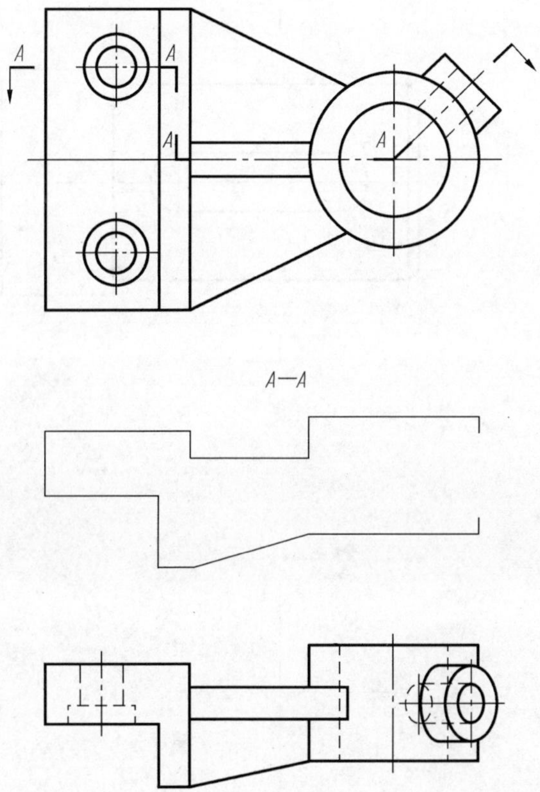

6.12 断面图	班级: 姓名: 学号:

1. 作指定位置的移出断面图。

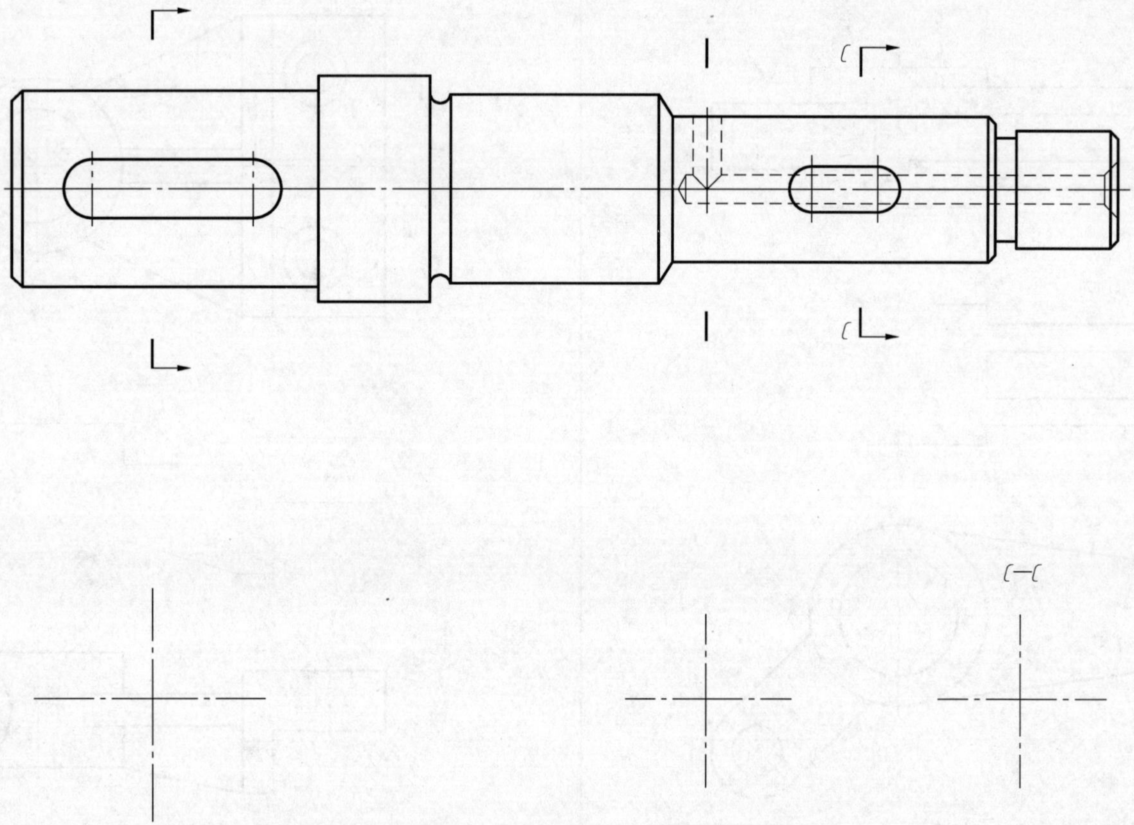

6.12 断面图

班级:　　　　姓名:　　　　学号:

2. 找出正确的断面图，在括号内正确的画“√”，错误的画“×”。

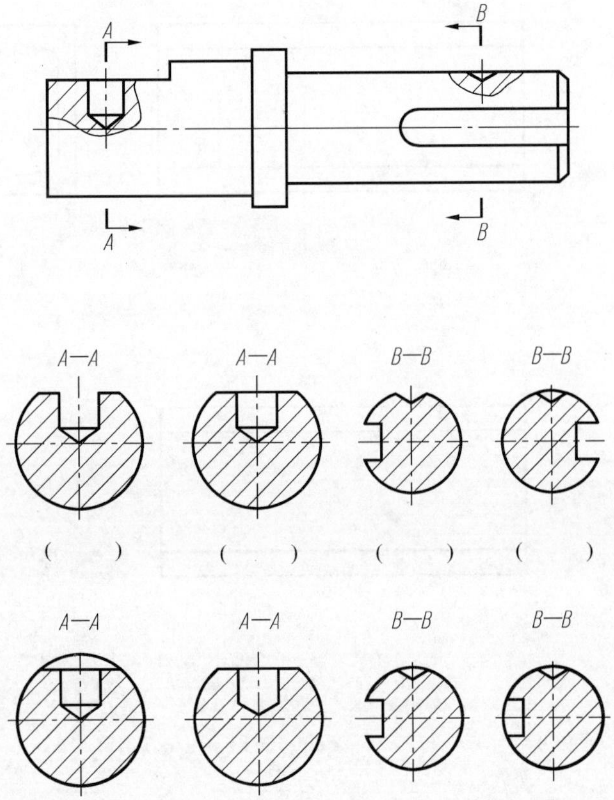

3. 找出对应的断面图，并作标注。

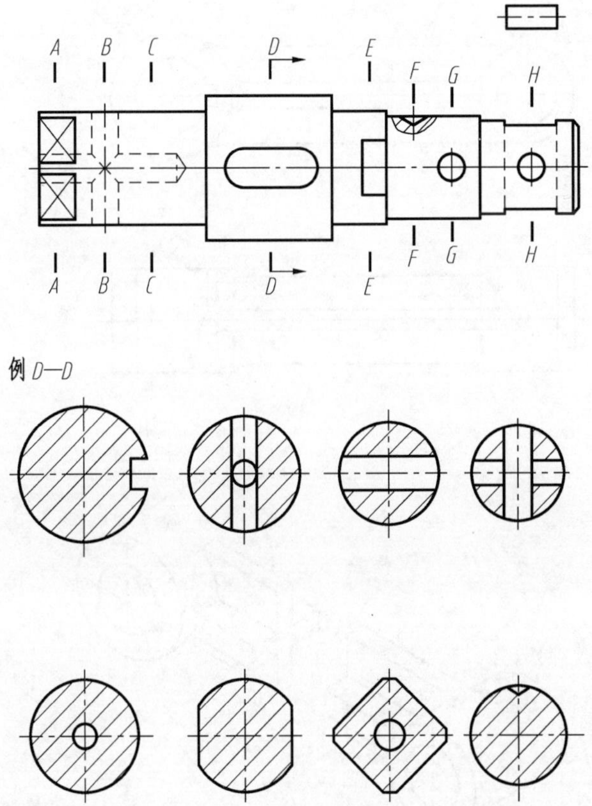

6.12 断面图	班级:　　　　姓名:　　　　学号:

4. 参照轴测图，在指定位置作重合断面图。

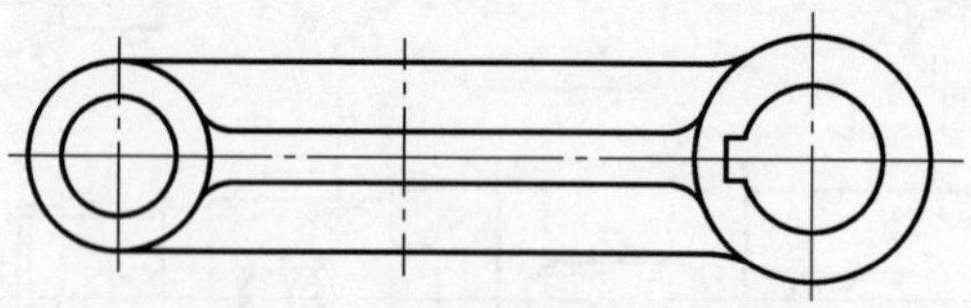

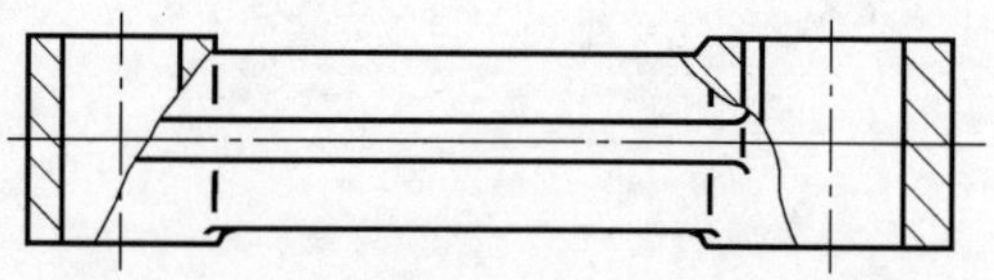

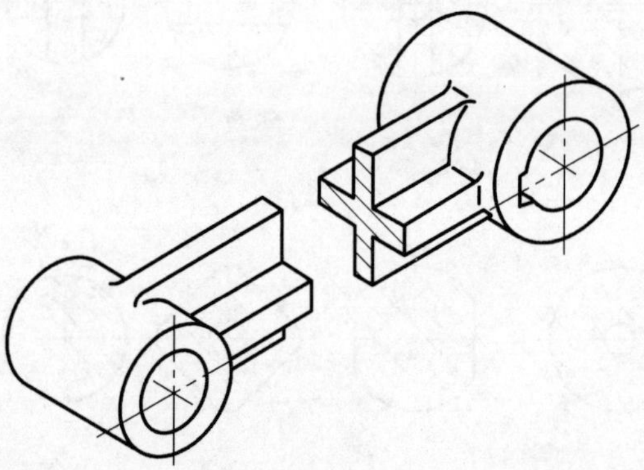

5. 参照 ① 图，在 ② 图中画重合断面图。

①

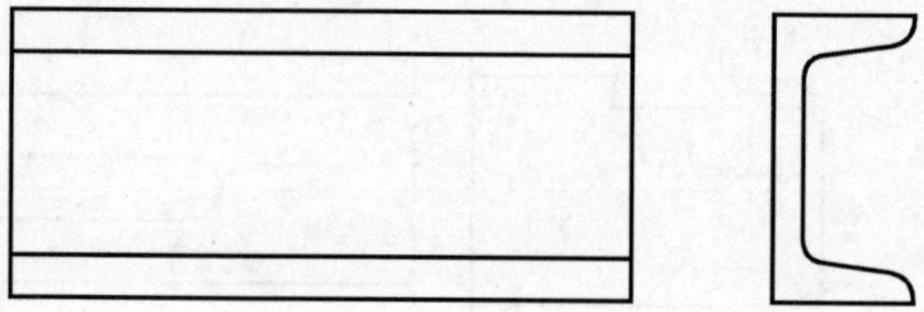

②

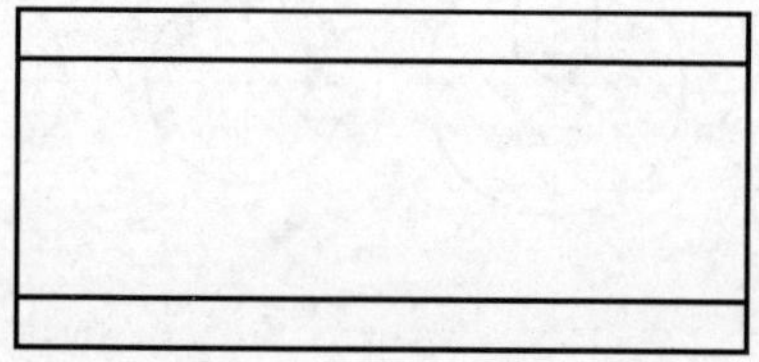

6.13 表达方法的综合运用	班级:　　　姓名:　　　学号:

1. 看懂表达方案，并填空。

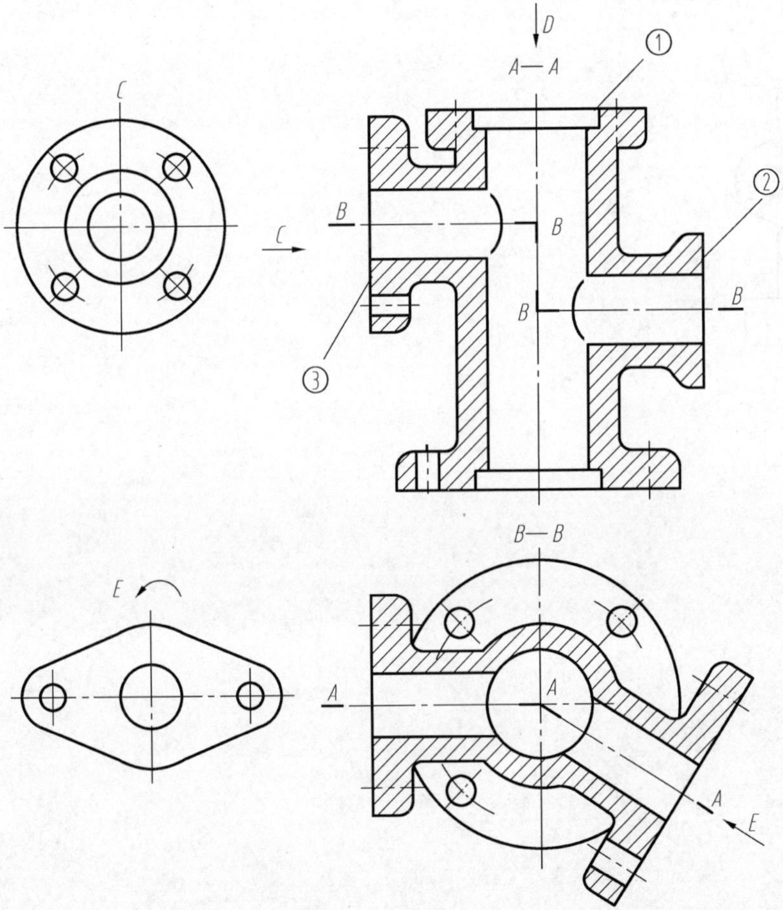

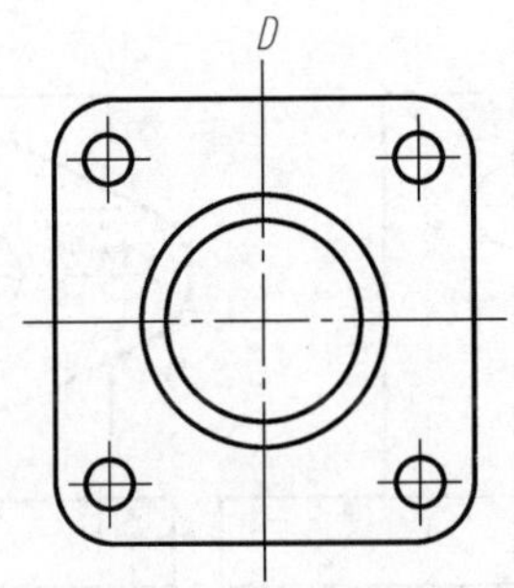

A—A 是采用两个__________的剖切面所作的剖视图。

B—B 是采用两个__________的剖切面所作的剖视图。

① 面形状如______局部视图所示。

② 面形状如__________图所示。

③ 面形状如__________图所示。

2. 选用适当的表达方法来重新表达零件。

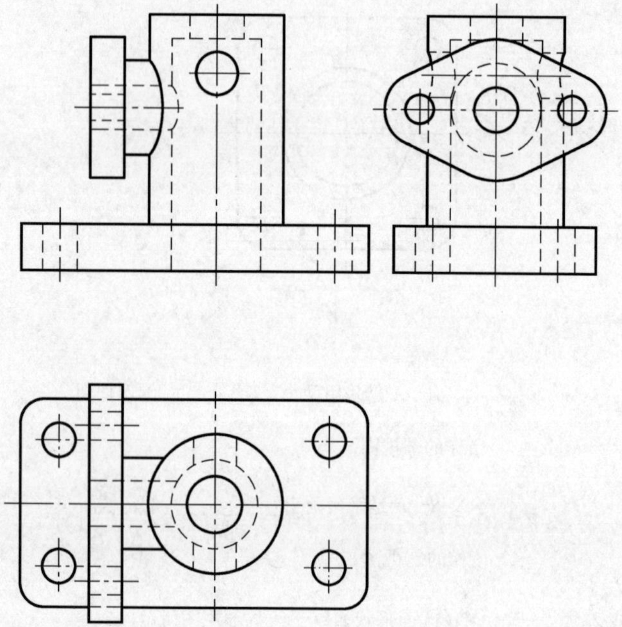

6.14 第三角画法

班级：　　　　姓名：　　　　学号：

1. 采用第三角画法，画出物体的主视图、俯视图和右视图。

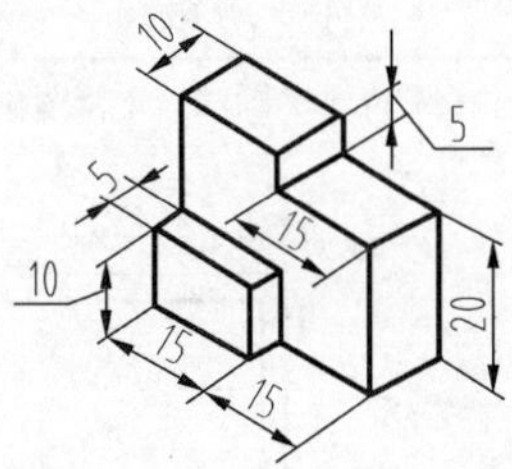

2. 采用第三角画法，画出物体的主视图、俯视图和右视图。

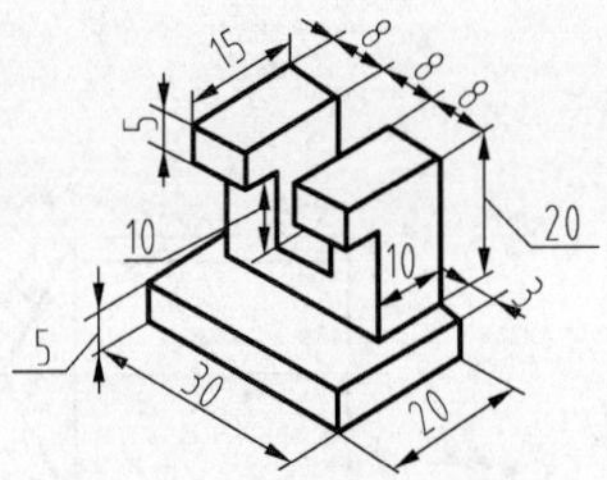

3. 用第三角画法，画出物体的 6 个基本视图，并画出第三角画法的识别符号。

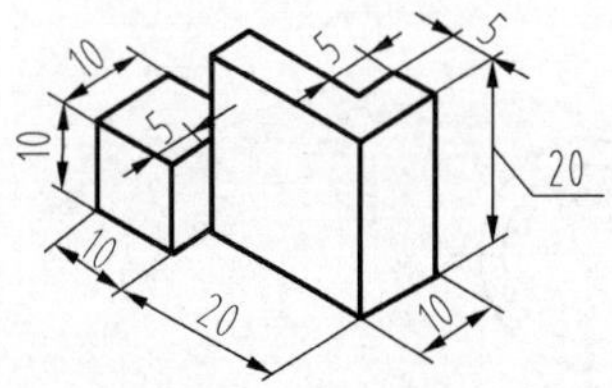

第7章 标准件和常用件的表示法

7.1 螺纹的画法

班级： 姓名： 学号：

1. 根据螺纹的规定画法，分析图中的错误，并在指定位置画出正确图形。

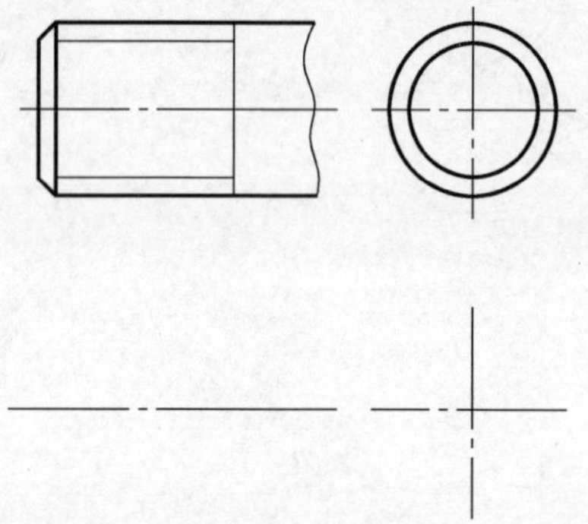

2. 根据螺纹的规定画法，分析图中的错误，并在指定位置画出正确图形。

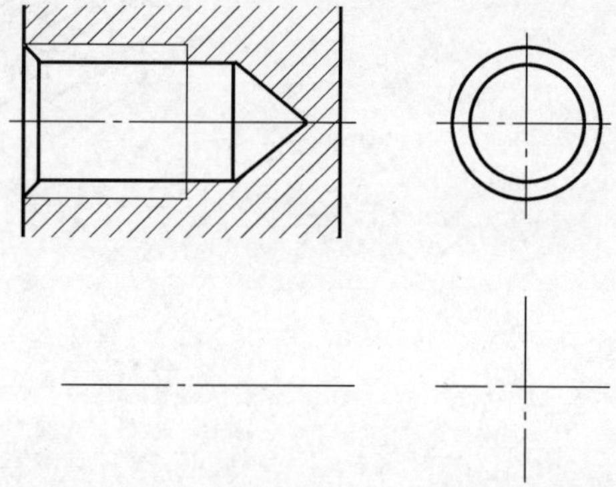

3. 根据螺纹的规定画法，分析图中的错误，并在指定位置画出正确图形。

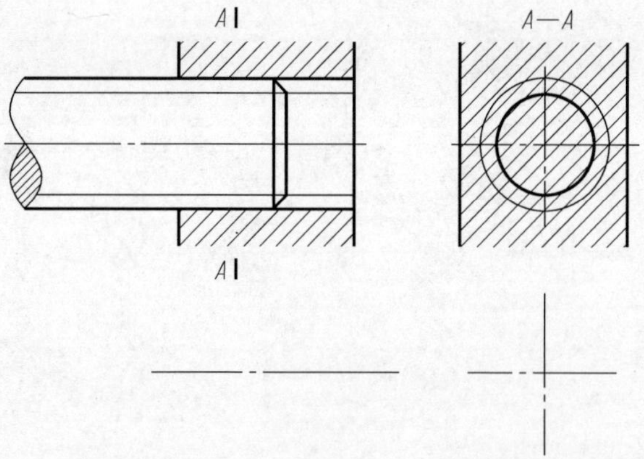

4. 根据螺纹的规定画法，分析图中的错误，并在指定位置画出正确图形。

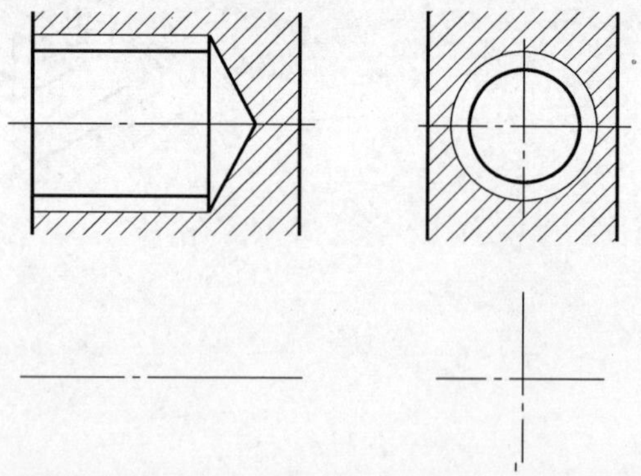

7.2 螺纹的标注

班级:　　　　姓名:　　　　学号:

1. 粗牙普通螺纹，大径 20，右旋，中径公差带代号 5g，顶径公差带代号 6g，长旋合长度。

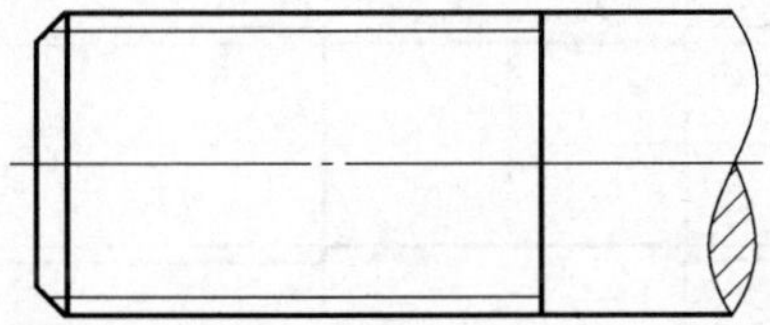

2. 细牙普通螺纹，大径 16，左旋，螺距 1.5，中径和顶径公差带代号 7H，中等旋合长度。

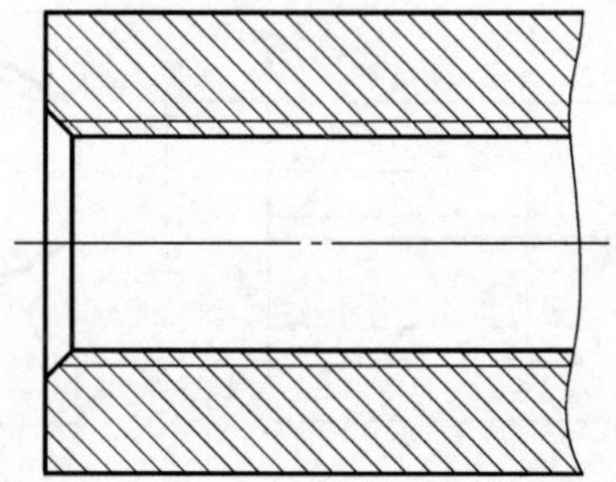

3. 非螺纹密封的管螺纹，尺寸代号 3/4，公差等级为 A 级，右旋。

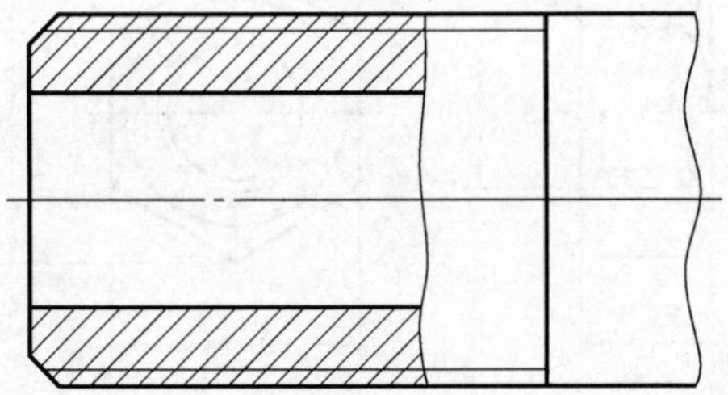

4. 梯形螺纹，公称直径 24，导程 10，双线，左旋，中径公差带代号 7e，中等旋合长度。

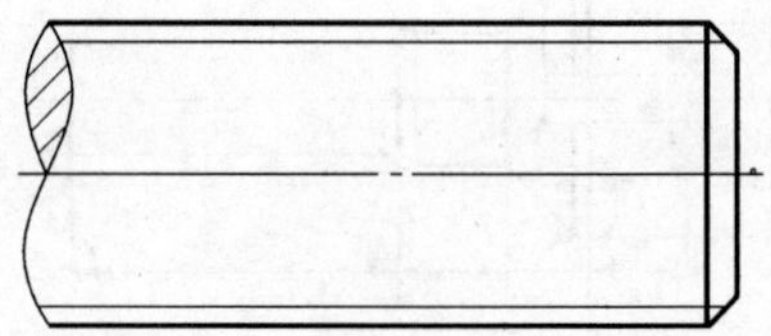

7.3 螺纹紧固件的规定标记及尺寸标注

班级：　　　　姓名：　　　　学号：

1. 螺纹规格 d=12mm，公称长度 l=45mm，C 级的六角头螺栓（GB/T5780—2000）。

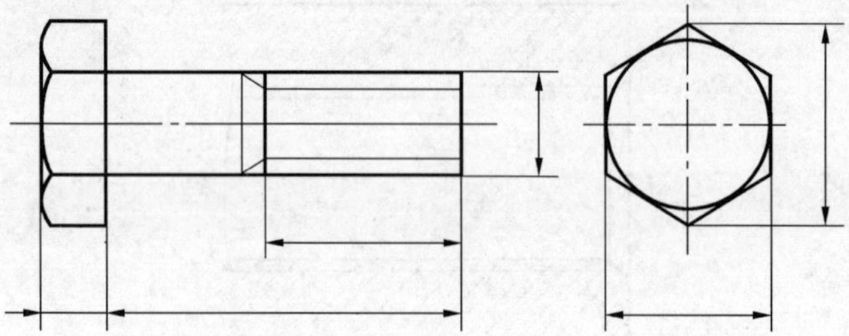

标记：________________

2. 两端均为粗牙螺纹，螺纹规格 d=16mm，公称长度 l=50mm，B 型，b_m=1d 的双头螺柱（GB/T897—1998）。

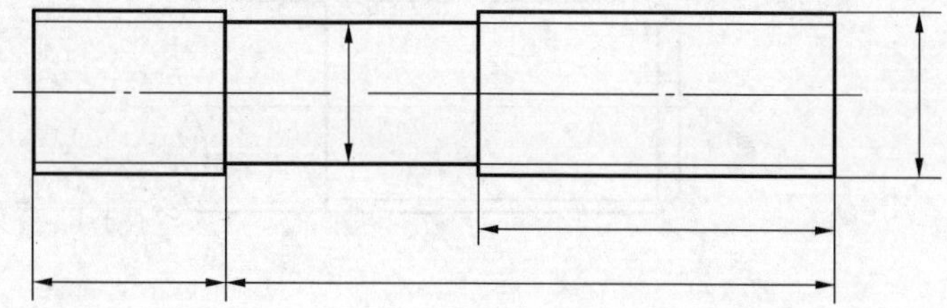

标记：________________

3. 螺纹规格 d=8mm，公称长度 l=30mm 的开槽沉头螺钉（GB/T68—2000）。

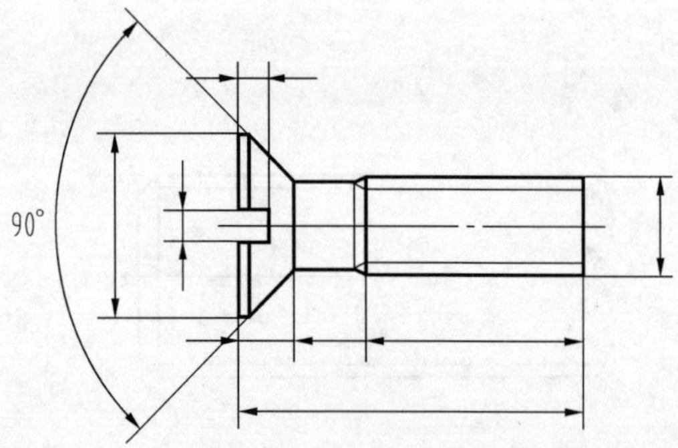

标记：________________

4. 螺纹规格 d=12mm，A 级的 1 型六角螺母（GB/T6170—2000）。

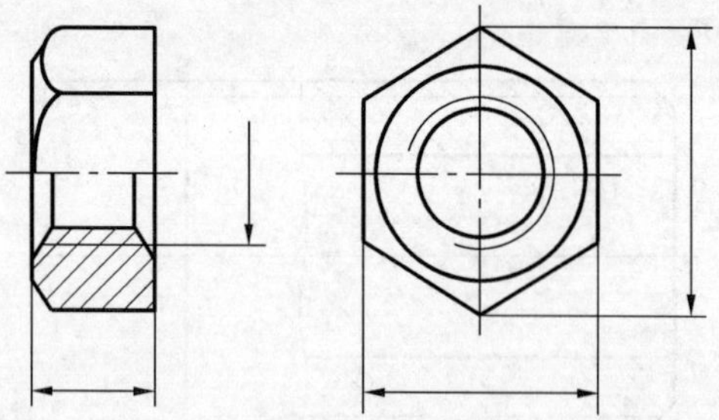

标记：________________

1. 完成螺栓连接图。

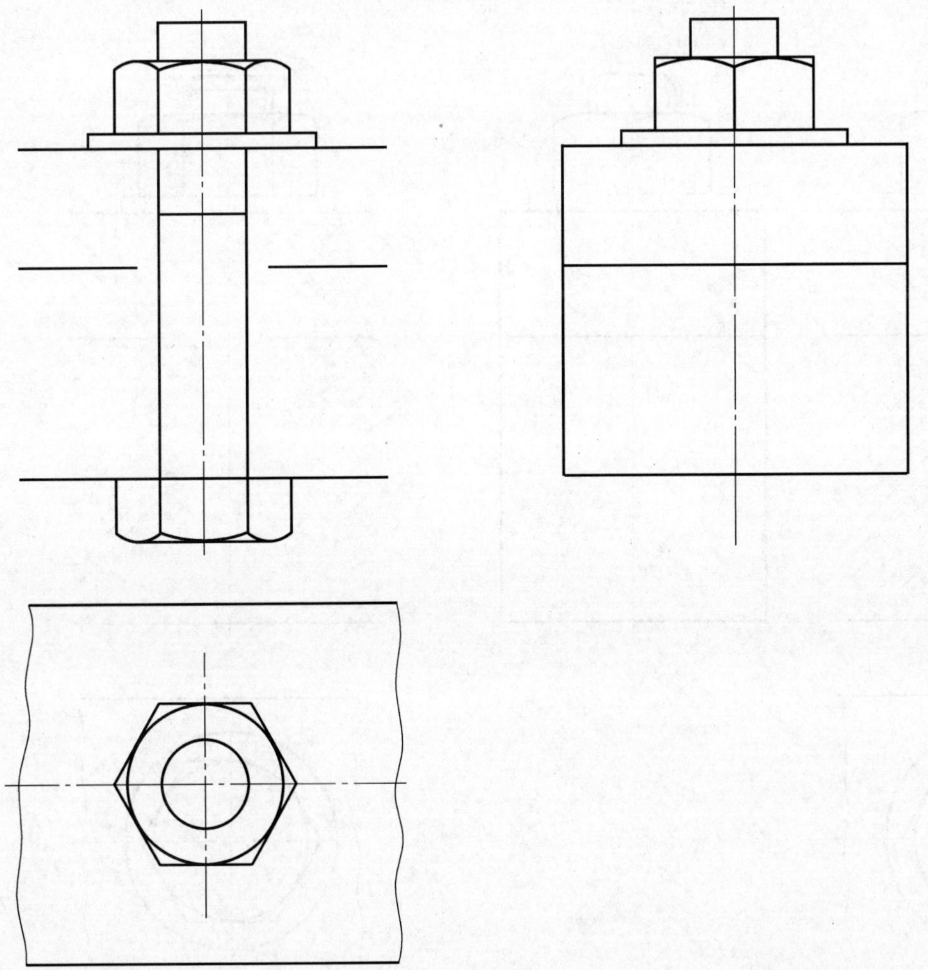

7.4 螺纹紧固件的连接画法

班级： 姓名： 学号：

2. 找出左图双头螺柱连接图中的错误，在右边画出正确的图形。

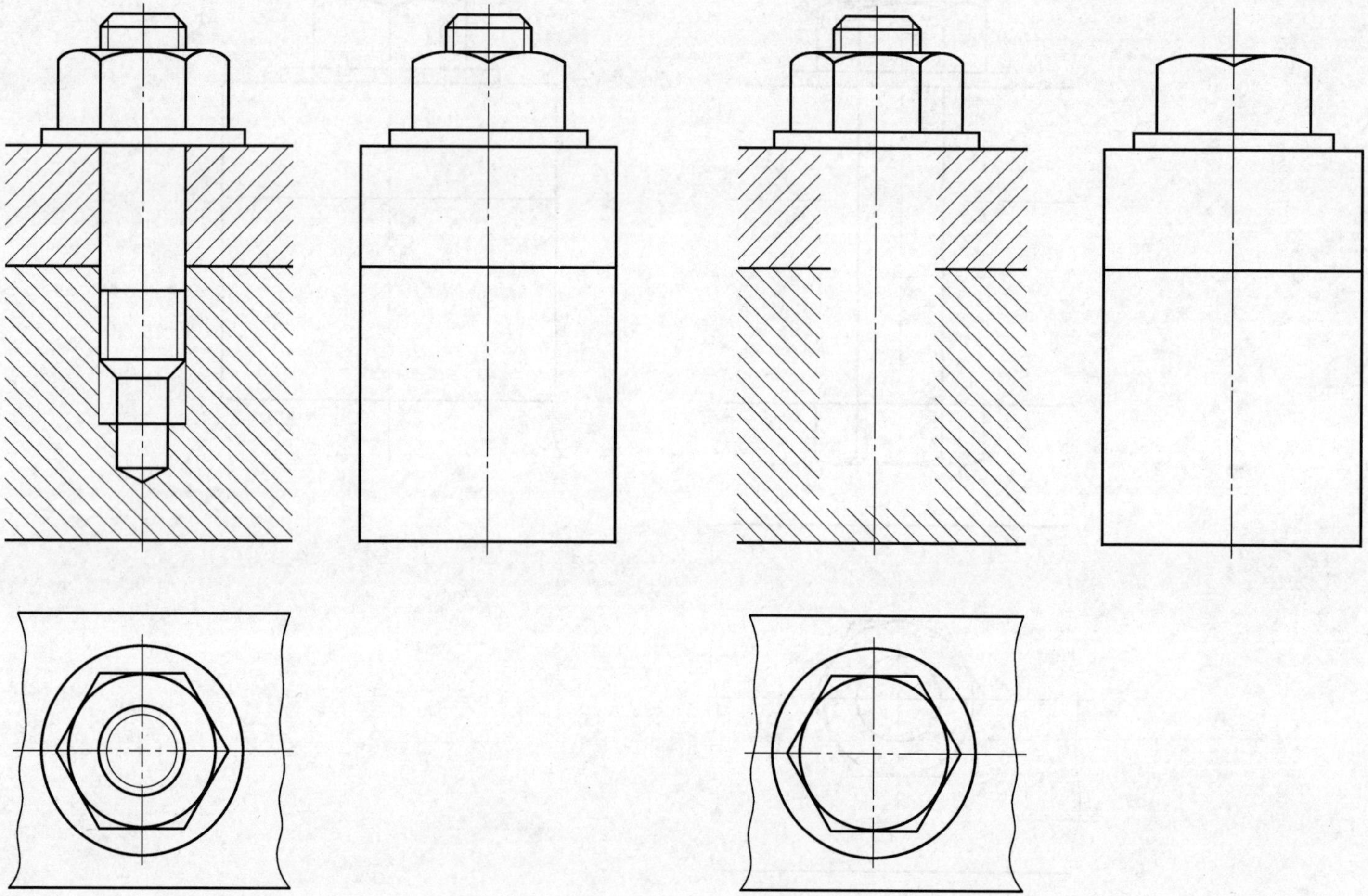

7.4 螺纹紧固件的连接画法

班级：　　姓名：　　学号：

3. 画螺钉连接图。

① 螺钉（GB/T 65—2000）M10×________

（公称长度计算后选定并填入空格）。

② 按比例 1∶1 作图，机件材料为铝合金。

主视图画成全剖视，左视图画成外形图。

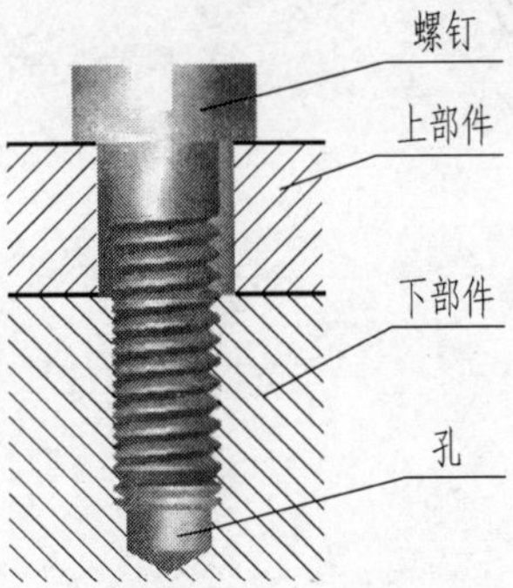

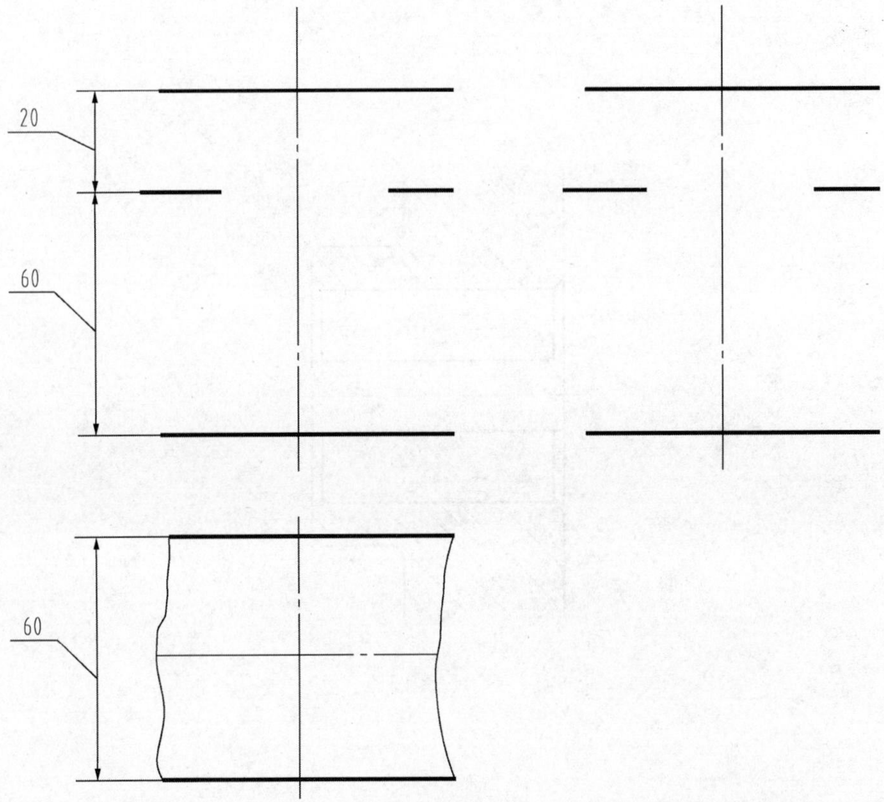

7.5 齿轮	班级: 姓名: 学号:

1. 画直齿圆柱齿轮。根据齿轮基本参数，计算其主要尺寸，按规定画法完成两视图。

标准直齿圆柱齿轮，m=3，z=35。

计算：

分度圆 d=

齿顶圆 d_a=

齿根圆 d_f=

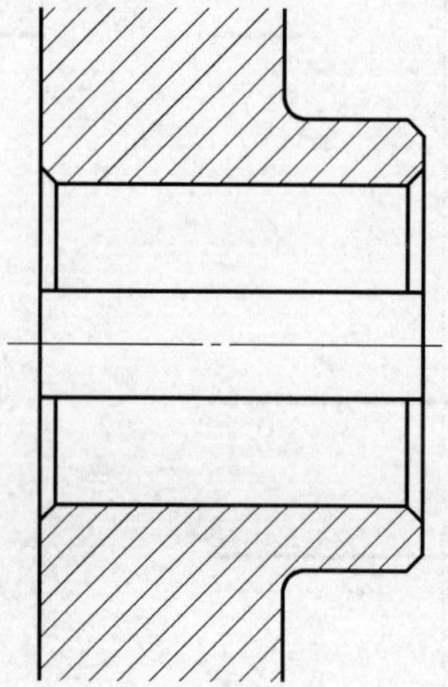

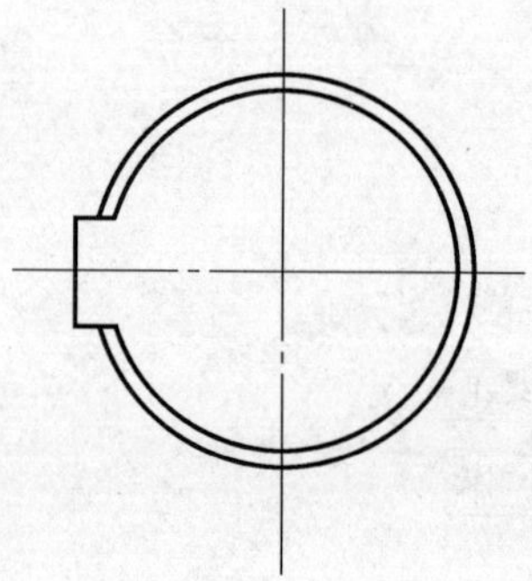

2. 画直齿圆柱齿轮啮合图。

已知小齿轮的模数 m=3，齿数 z_1=15，两齿轮的中心距 a=67.5mm，试计算大小两齿轮分度圆、齿顶圆及齿根圆的直径。试完成直齿圆柱齿轮的啮合图。

计算：

1. 大齿轮

分度圆 d_1=

齿顶圆 d_{a1}=

齿根圆 d_{f1}=

2. 小齿轮

分度圆 d_2=

齿顶圆 d_{a2}=

齿根圆 d_{f2}=

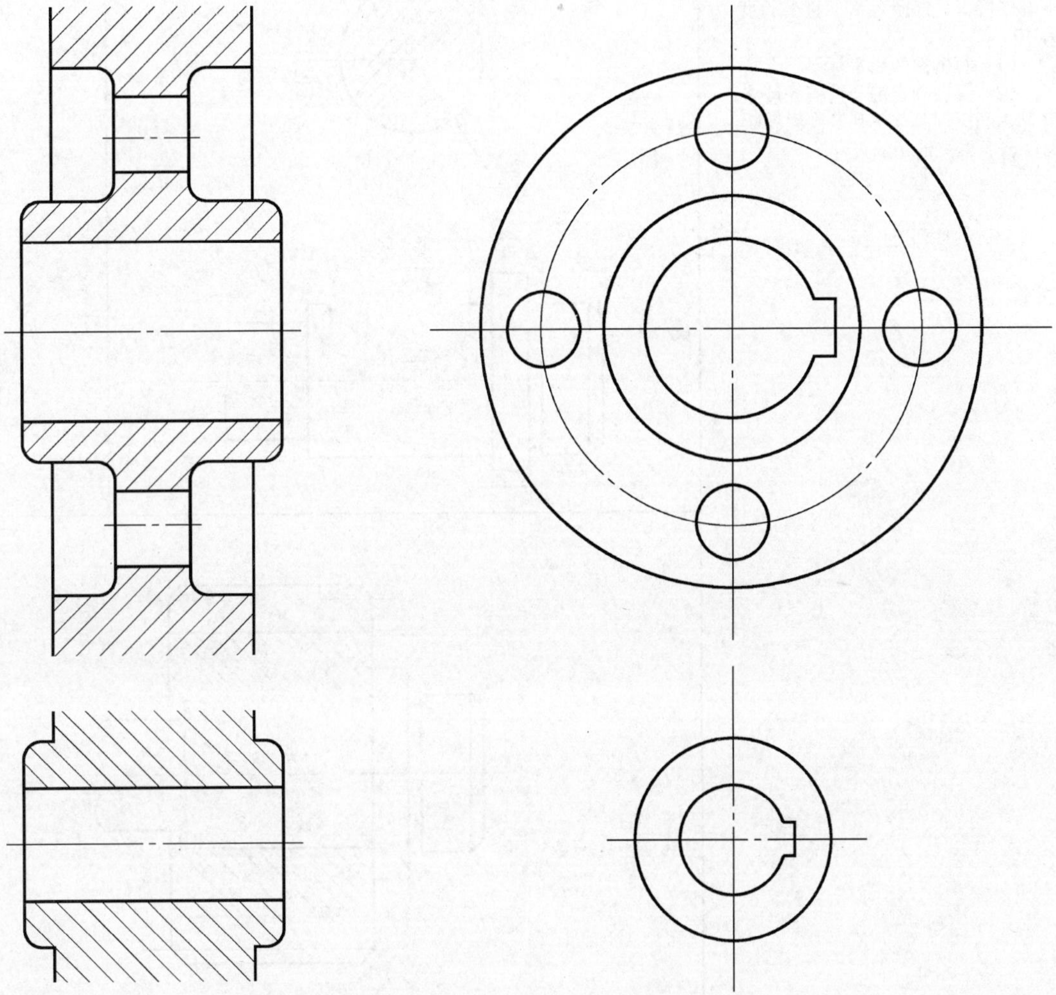

7.6 键连接的画法

班级: 姓名: 学号:

已知齿轮和轴用A型圆头普通平键连接，孔直径为40，键的长度为40。

（1）写出键的规定标记。

（2）查表确定键和键槽的尺寸，用1:2的比例画全下列各视图和断面图，并标注键槽的尺寸。

键的标记 ______

1. 轴

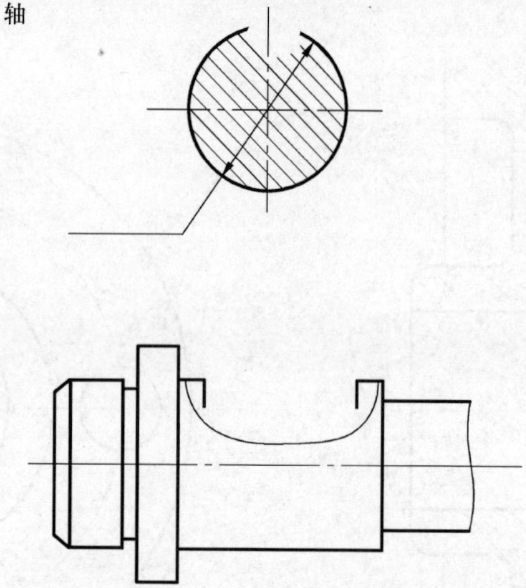

2. 齿轮

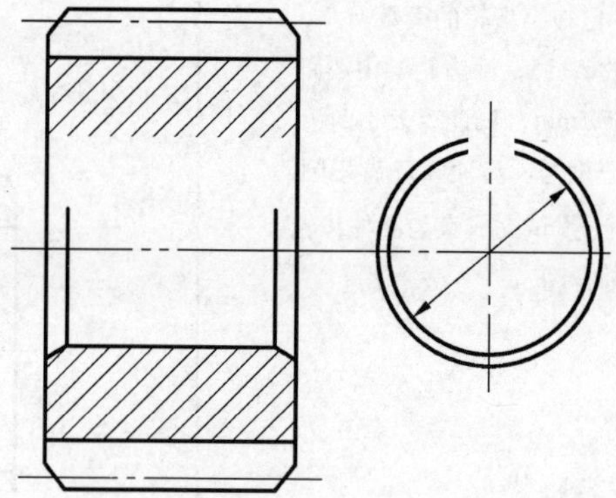

3.

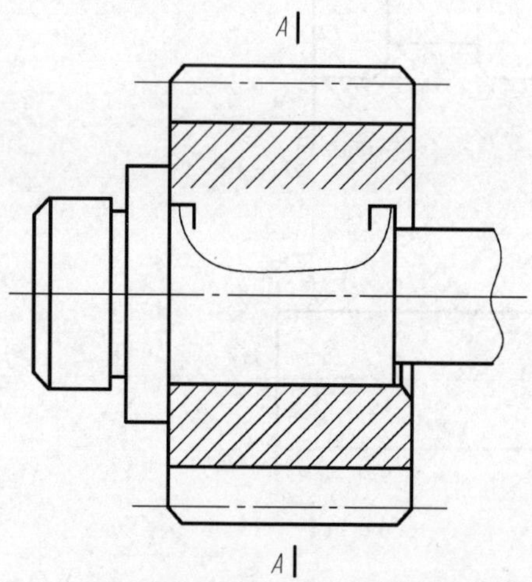

A—A

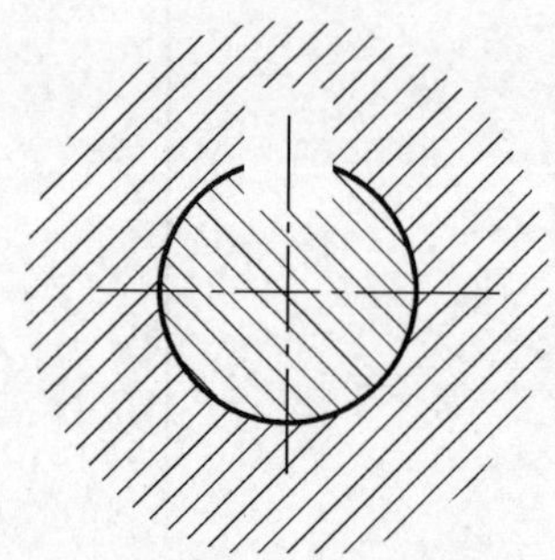

7.7 销连接的画法	班级: 姓名: 学号:

1. 用公称直径 d=8mm 的 A 型圆锥销连接图示零件，在查表确定其长度后画其连接图，并写出销的标记。

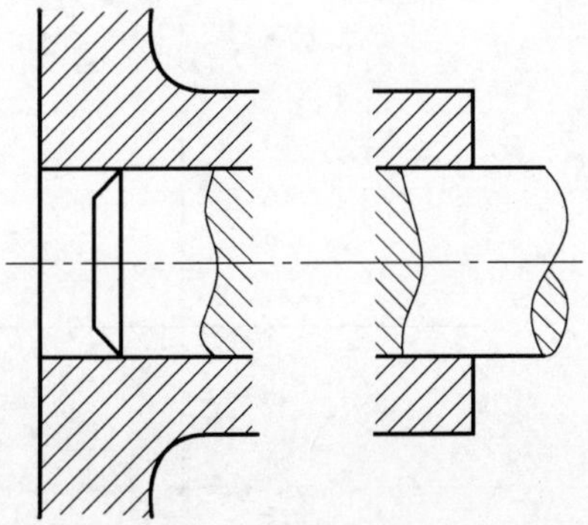

标记: ____________________

2. 用公称直径 d=6mm 的 A 型圆锥销连接图示零件，在查表确定其长度后画其连接图，并写出销的标记。

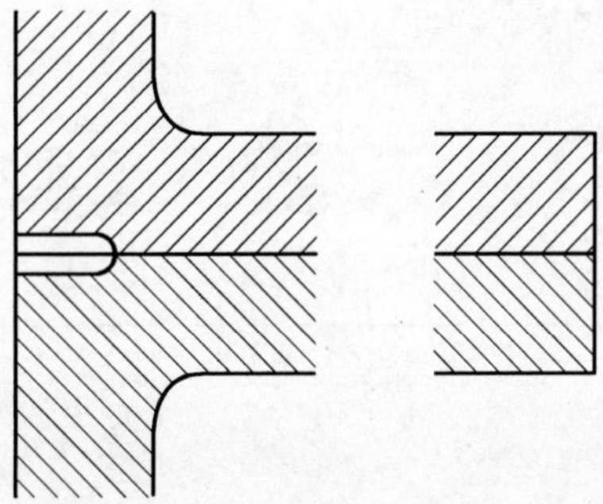

标记: ____________________

7.8 圆柱螺旋压缩弹簧图的绘制

班级:　　姓名:　　学号:

弹簧的有关参数：弹簧外径 D_2=42mm，弹簧丝直径 d=6mm，节距 t=12mm，总圈数 n_1=7.5，有效圈数 n=5，自由高度 H_0=72mm，右旋。

第8章 零件图

8.1 认识零件图	班级：	姓名：	学号：

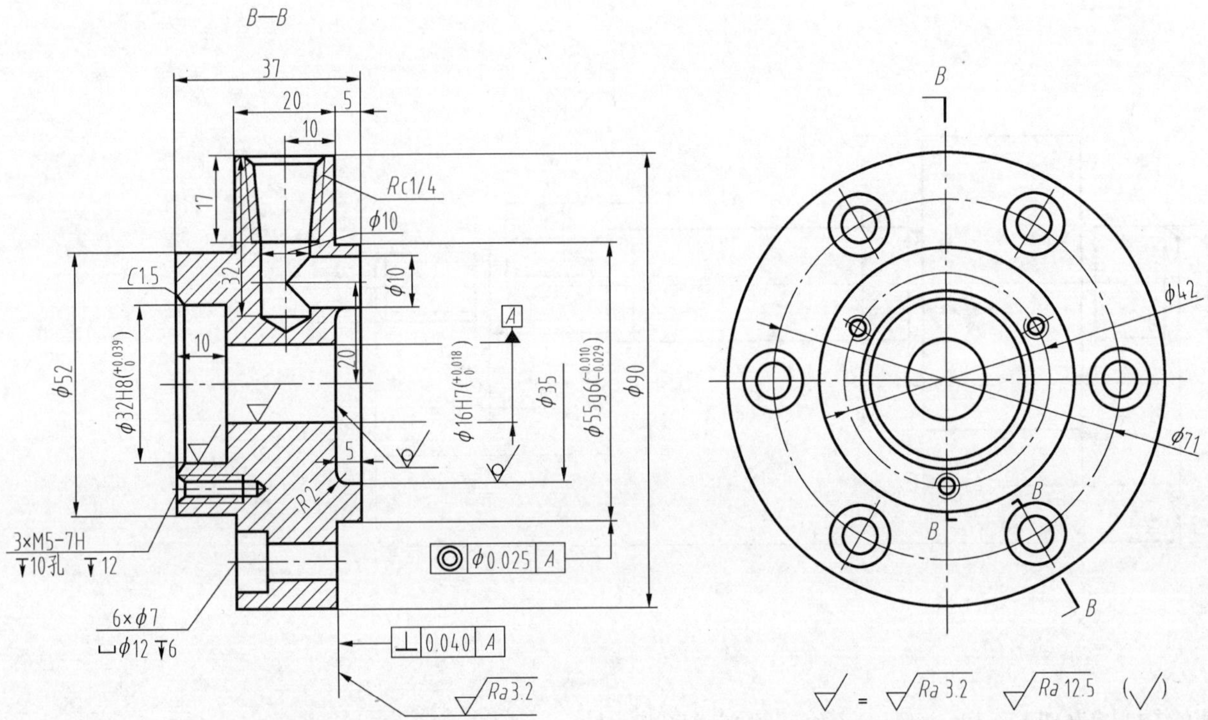

技术要求：

1. 未注圆角为$R3\sim R5$。
2. 铸件不得有砂眼，裂纹。

端盖		比例	材料	数量	(图号)
制图			(单位)		
校核					

回答问题：

1. 什么是零件图？

2. 一张完整的零件图包含了哪些内容？各内容的作用是什么？

8.2 表面结构	班级：　　　姓名：　　　学号：

1. 在支撑轴零件图上标注表面结构要求。

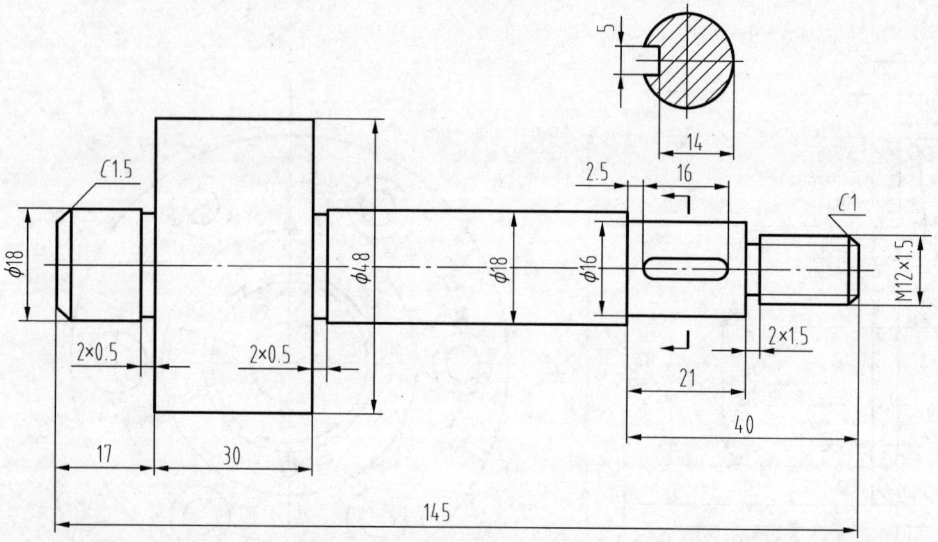

1. ϕ48 圆柱外表面的表面结构要求为 MRR *Ra* 1.6，两侧面的表面结构要求为 MRR *Ra* 0.8。
2. 两处 ϕ18 圆柱外表面的表面结构要求为 MRR *Ra* 1.6。
3. ϕ16 圆柱外表面的表面结构要求为 MRR *Ra* 3.2。
4. 键槽两侧面的表面结构要求为 MRR *Ra* 6.3。
5. 轴的右端面的表面结构要求为 MMR *Ra* 6.3。
6. 其余各表面的结构要求为 MRR *Ra* 12.5。

8.2 表面结构　　班级:　　姓名:　　学号:

2. 将给定的表面结构要求用代号标注在图上。

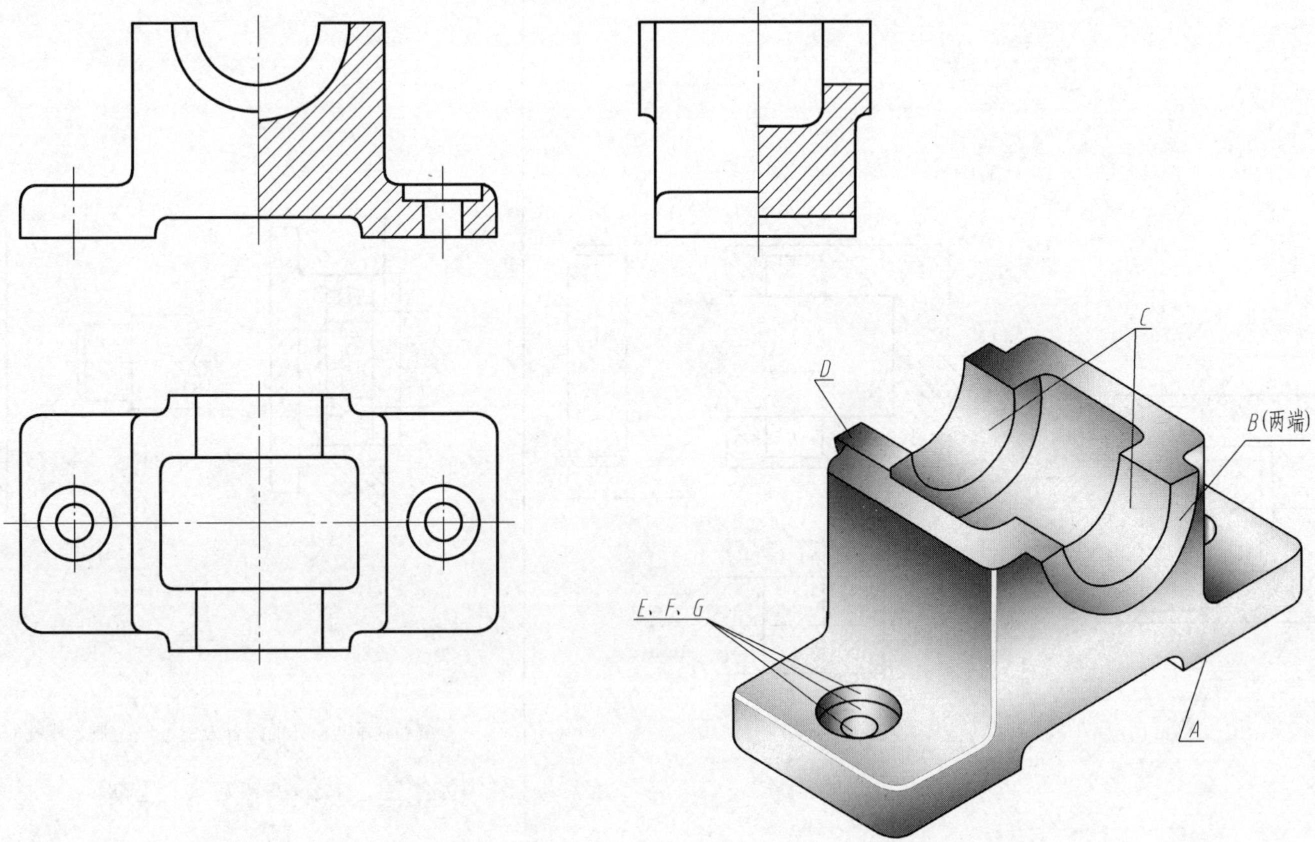

表面	A、B	C	D	E、F、G	其余
Ra	12.5	3.2	6.3	25	毛坯面

8.3 尺寸公差

班级:　　　　姓名:　　　　学号:

1. 根据配合代号在零件图上分别标出轴和孔的偏差值，并指出是何种配合。

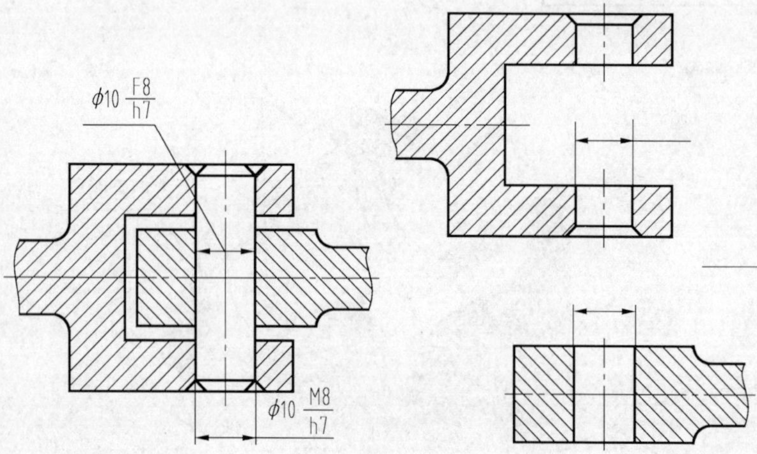

2. 标注轴和孔的基本尺寸及上下偏差值，并填空。

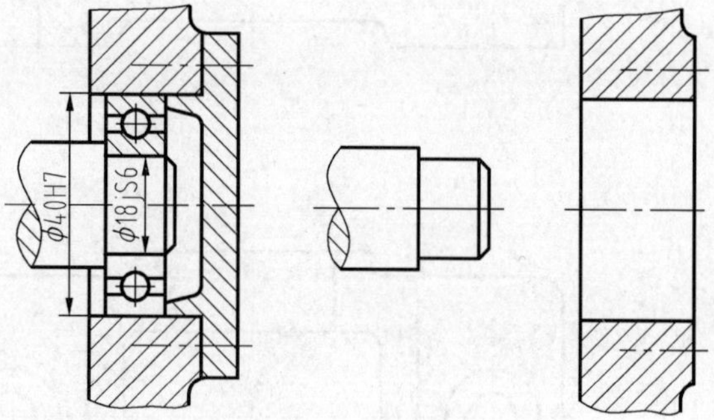

滚动轴承与座孔的配合为________制，座孔的基本偏差代号为________，公差等级为________级。

滚动轴承与轴的配合为________制，轴的基本偏差代号为________，公差等级为________级。

8.4 形位公差

班级：　　　　姓名：　　　　学号：

1. 识读图中的形位公差代号，并填空。

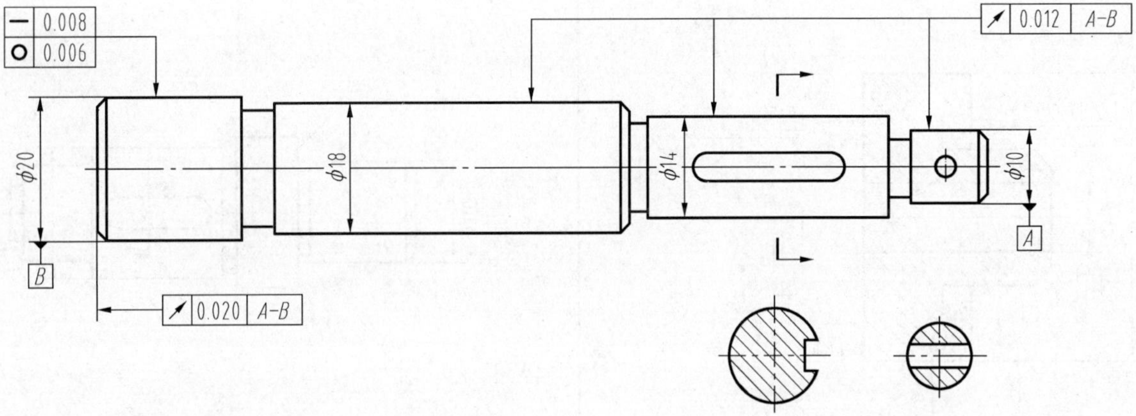

① | — | 0.008 | 的含义：被测要素是＿＿＿＿＿＿＿＿，公差项目是＿＿＿＿＿＿，公差值为＿＿＿＿＿＿。

② | ○ | 0.006 | 的含义：被测要素是＿＿＿＿＿＿＿＿，公差项目是＿＿＿＿＿＿，公差值为＿＿＿＿＿＿。

③ | ↗ | 0.020 | A-B | 的含义：基准要素是＿＿＿＿＿＿＿＿，被测要素是＿＿＿＿＿＿＿＿。

公差项目是＿＿＿＿＿＿，公差值为＿＿＿＿＿＿。

④ | ↗ | 0.012 | A-B | 的含义：基准要素是＿＿＿＿＿＿＿＿，被测要素是＿＿＿＿＿＿＿＿。

公差项目是＿＿＿＿＿＿，公差值为＿＿＿＿＿＿。

8.4 形位公差

班级:　　姓名:　　学号:

2. 解释和标注形位公差。

① 用文字解释图中的形状和位置公差。

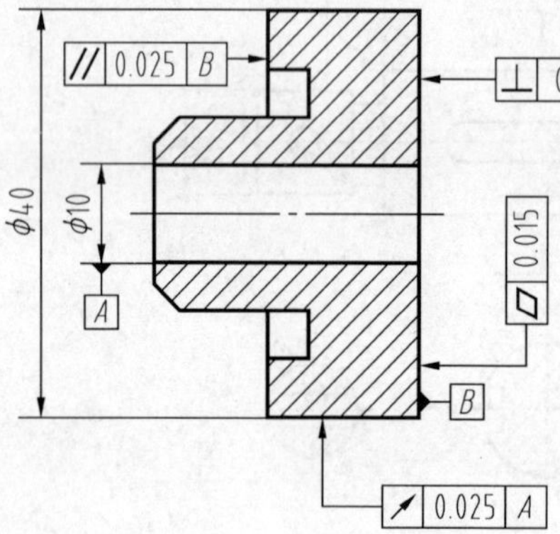

⊥ 0.04 A ________________________________

____

⏥ 0.015 ________________________________

____

// 0.025 B ________________________________

____

↗ 0.025 A ________________________________

____

② 将用文字说明的形状和位置公差标注在图中。

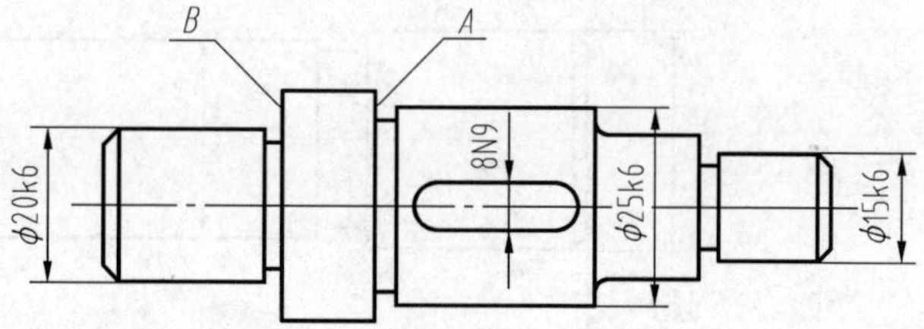

1. ϕ25k6 的轴线对 ϕ20k6 和 ϕ15k6 公共轴线的同轴度公差值为 0.025。
2. A 面对 ϕ25k6 轴线垂直度公差值为 0.05。
3. B 面对 ϕ25k6 轴线的端面圆跳动公差值为 0.05。
4. 键槽对 ϕ25k6 轴线的对称度公差值为 0.01。

8.5 绘制零件图	班级： 姓名： 学号：

1. 根据轴的直观图及给定的要求绘小轴零件图。

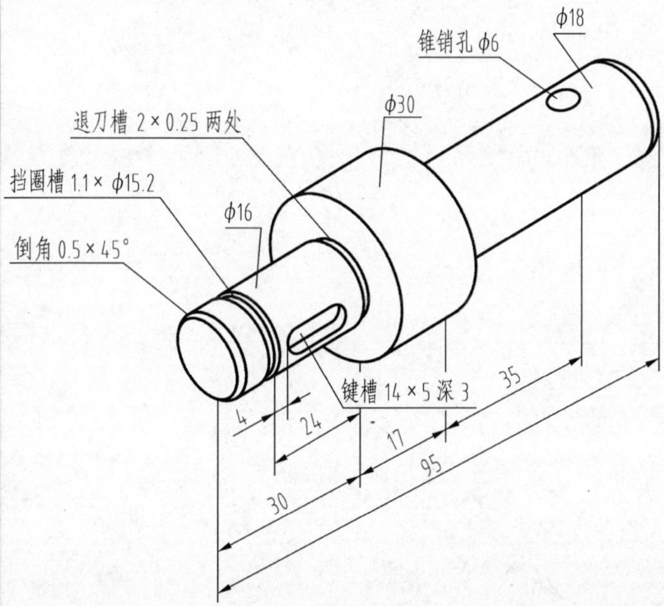

① 尺寸 ϕ18 上偏差为 0，下偏差为 -0.011；尺寸 24 上偏差为 0.084，下偏差为 0；尺寸 ϕ16 上偏差为 0，下偏差为 -0.011；尺寸 35 上偏差为 0.025，下偏差为 0。

② ϕ16 和 ϕ18 圆柱外表面表面结构要求为 Ra0.8；ϕ30 圆柱两端面表面结构要求为 Ra1.6；键槽两侧面表面结构要求为 Ra3.2；其余表面结构要求为 Ra6.3。

③ 小轴调质 HB220 ~ 256；ϕ18 圆柱轴线相对 ϕ16 圆柱轴线同轴度要求为 ϕ0.01。

8.5 绘制零件图	班级: 姓名: 学号:

2. 根据给出轴套的直观图绘出零件图。

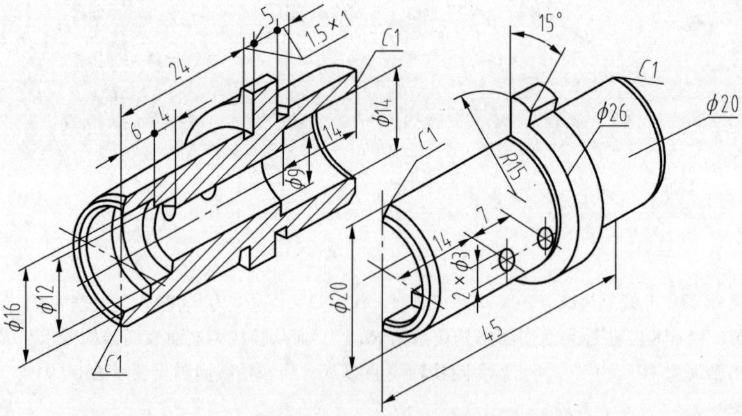

8.6 读从动轴零件图

班级：　　　　姓名：　　　　学号：

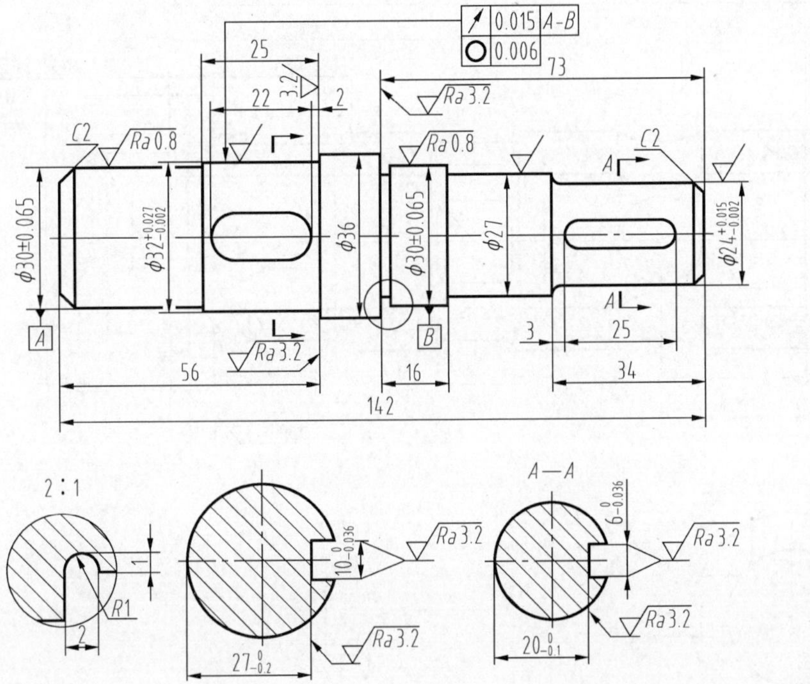

技术要求
未注倒角C0.5

√ = √Ra1.6 √Ra12.5 (√)

从动轴	比例	材料	数量	(图号)
制图	(单位)			
校核				

识读从动轴零件图，回答下列问题。

1. 从动共用________个图形表达。有________基本视图、两个________图和一个________图。

2. 从动轴中有________个轴段标注了极限偏差数值。

3. 轴右端键槽的长度为________，键槽宽为________，两个键槽的空位尺寸分别是________和________。

4. 用符号▲指出从动轴轴向和径向的主要基准。

5. ϕ36 圆柱体左右端面对两处 ϕ30±0.065 的公共轴线的圆跳动公差为 0.02，交其代号标注在主视图上。

8.7 读套筒零件图

班级：　　　姓名：　　　学号：

识读套筒零件图，回答下列问题。

1. 用符号▲指出径向与轴向主要尺寸基准。

2. 套筒左端两条虚线之间的距离为________。

3. 图中标有①的直径为________。

4. 图中标有②的线框，其定形尺寸为________，定位尺寸为________。

5. 图中标有③的曲线是由________和________相交而成的________。

6. 外圆面φ132±0.2 最大可加工成________，最小可加工成________，公差为________。

7. 说明代号 ◎ φ0.04 A 的含义：◎表示________，φ0.04 表示________，A 是________。

8. 局部放大图中 ④ 所指位置的表面结构要求为________。

9. 靠近右端的 2×φ10 孔的定位尺寸为________。

10. 绘出 A 向视图。

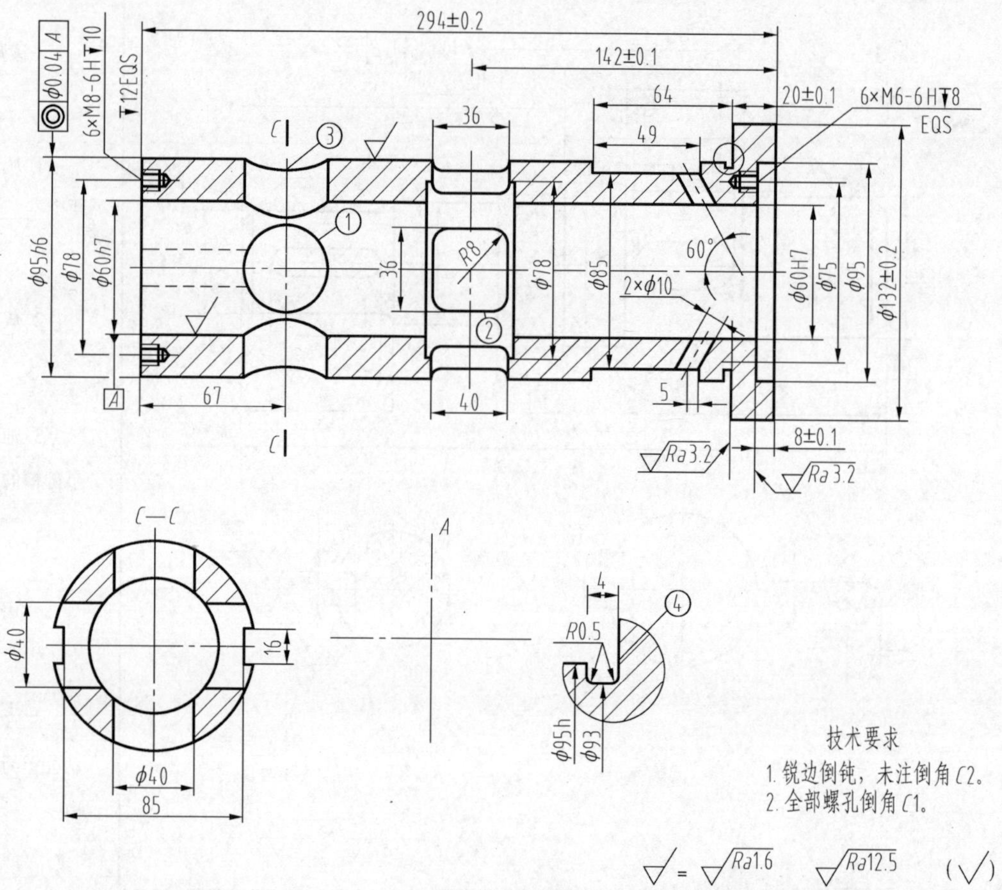

套筒		比例	材料	数量	(图号)
制图			(单位)		
校核					

8.8 读减速器箱盖零件图

班级:　　　　　姓名:　　　　　学号:

识读减速器箱盖零件图，回答下列问题。

1. 箱盖零件图共用 _____ 个图形表达，主视图和俯视图主要表达外形，左视图是采用两个 _____ 的剖切平面剖开后画出的。主视图上共有 _____ 处局部剖视，B 向局部视图表达箱盖上部的 _____。

2. 箱盖零件图上的锥销孔 2×ϕ3 的定位尺寸是 _____，_____；$\frac{6\times\phi 9}{⌴\phi 17}$ 中符号"⌴"的含义是 _____，该孔的定位尺寸是 _____，_____。

3. 主视图上的尺寸 70±0.08 是箱盖两个半圆孔之间 _____ 的尺寸，该尺寸是减速器的规格尺寸（主动轴与从动轴），$\phi 47^{+0.007}_{-0.018}$ 和 $\phi 62^{+0.019}_{-0.021}$ 圆柱内表面（与滚动轴承外圈相配合）的表面结构要求分别为 ____、____。

4. 用符号▲指出箱盖长、宽、高各方向主要尺寸基准，并查找主视图中有 _____ 个定位尺寸，俯视图中有 _____ 个定位尺寸。

5. 代号 | // | ϕ0.05 | C | 是指ϕ ____ 的轴线对孔ϕ ____ 的轴线的 _____ 公差为 _____ mm。

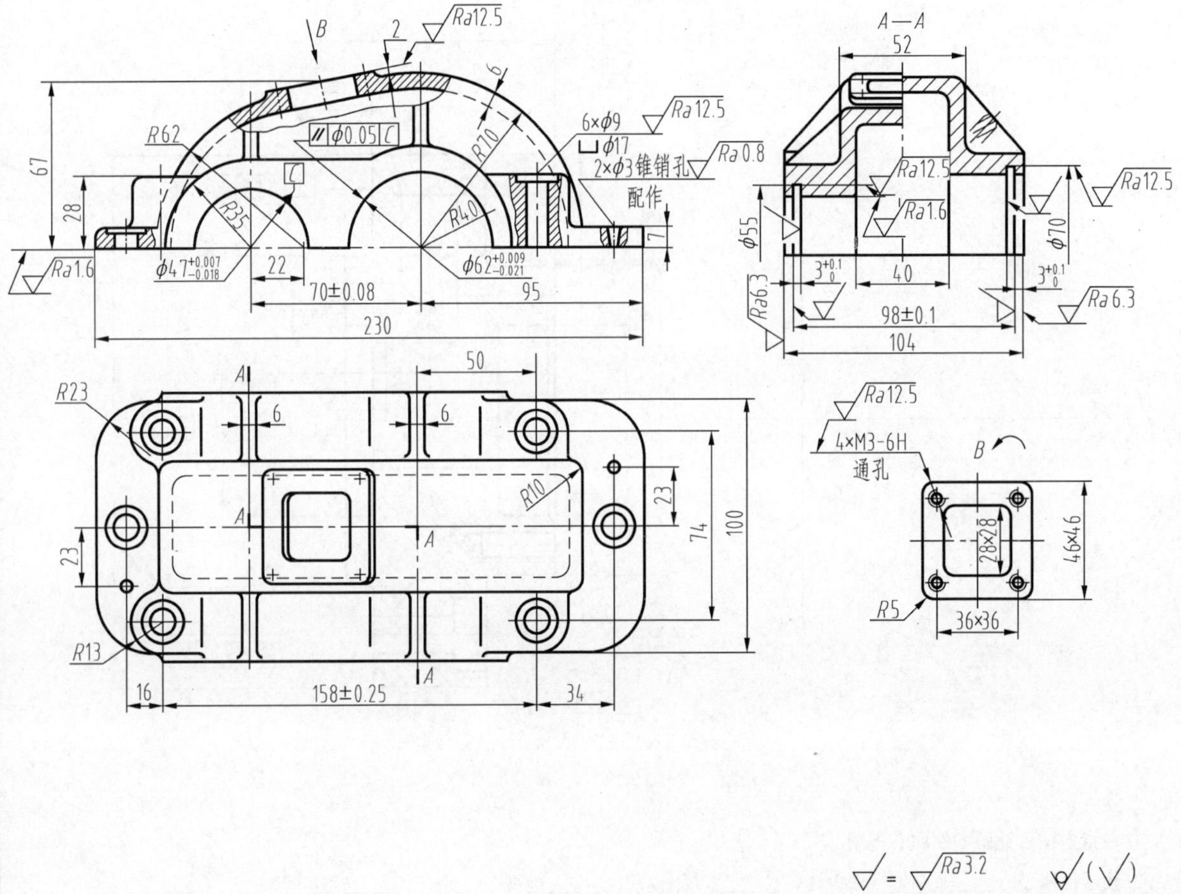

技术要求

1. 铸件作时效处理。
2. 未注铸造圆角 R2～R3。

箱盖	比例	材料	数量	(图号)
制图			(单位)	
校核				

8.9 读泵盖零件图

班级：　　　　姓名：　　　　学号：

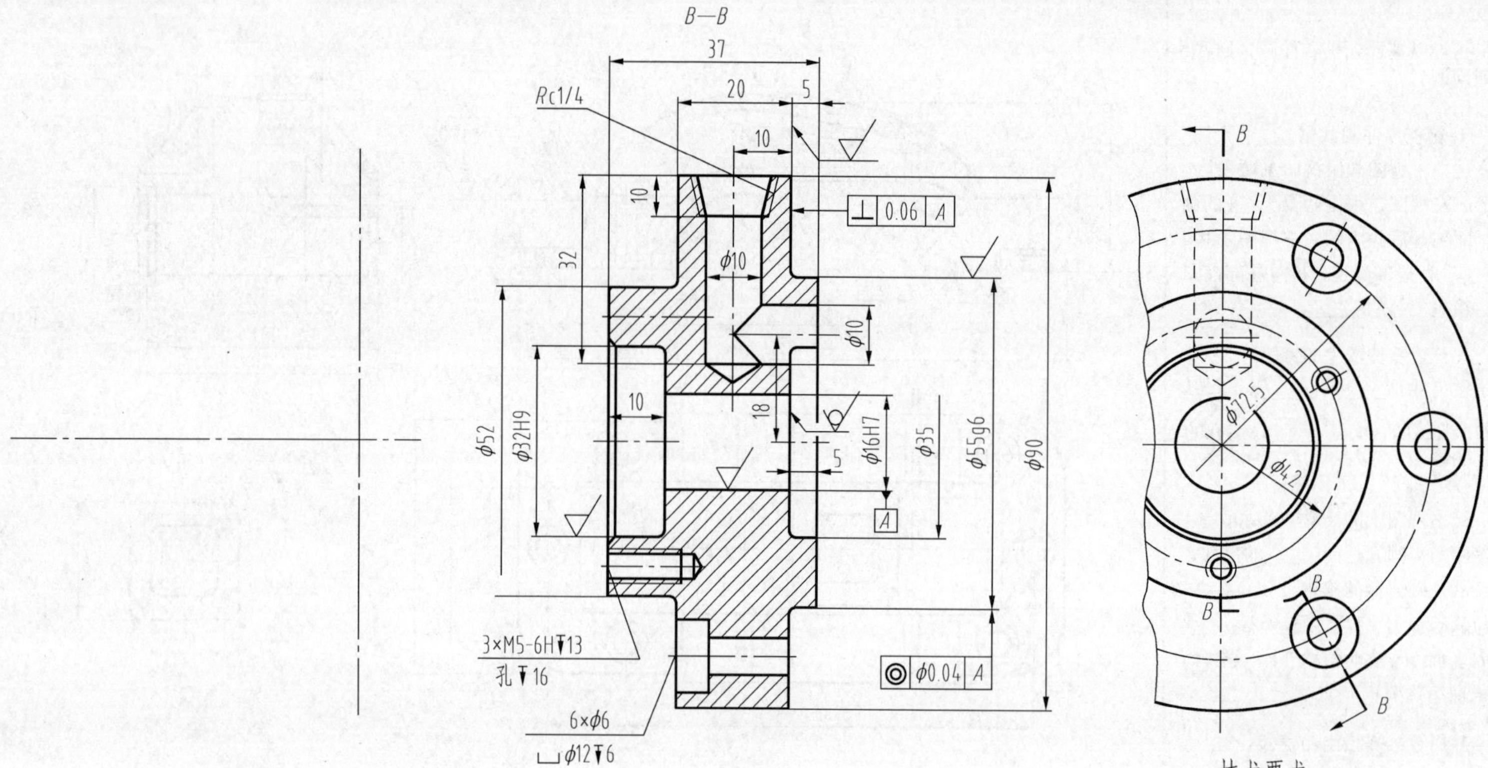

技术要求

1. 未注倒角 C1.5。
2. 未注铸造圆角 R2～R3。

√ = √Ra 6.3　√Ra 12.5 (√)

1. 在指定位置补画零件的右视图。

2. 该零件用了______个基本视图表达，________视图采用______剖视图，另一个是______视图。

3. 在图中指出径向和轴向尺寸的主要基准。

4. 左端面的表面结构要求为______，φ35 孔内表面的表面结构要求为______。

5. φ55g6 外圆柱轴线的同轴度公差的基准部位是____________。

泵盖		比例	材料	数量	(图号)
制图					
校核		(单位)			

8.10 读拨叉零件图

班级：　　　　姓名：　　　　学号：

读拨叉零件图回答下列问题。

1. 该零件图共用______个图形表达，图中 *A—A* 是______剖视图，*B—B* 旋转是______剖视图，肋板断面采用______图。

2. 用符号▲指出长、宽、高方向的尺寸基准。

3. *B—B* 旋转图中销孔 ϕ6 配作的定位尺寸是______，ϕ44 孔的定位尺寸是______。

4. 尺寸（35）的特殊要求是:______。

5. 说明代号 | ⊥ | ϕ0.2 | C | 的含义：基准要素是______，被测要素是______，公差项目是______，公差值是______。

6. 孔 ϕ20H9 和半圆孔 ϕ44 的表面结构要求代号分别为______、______。

7. ϕ20H9 的最大极限尺寸为______，最小极限尺寸为______，H9 是______代号，H 是______代号，9 是______代号。

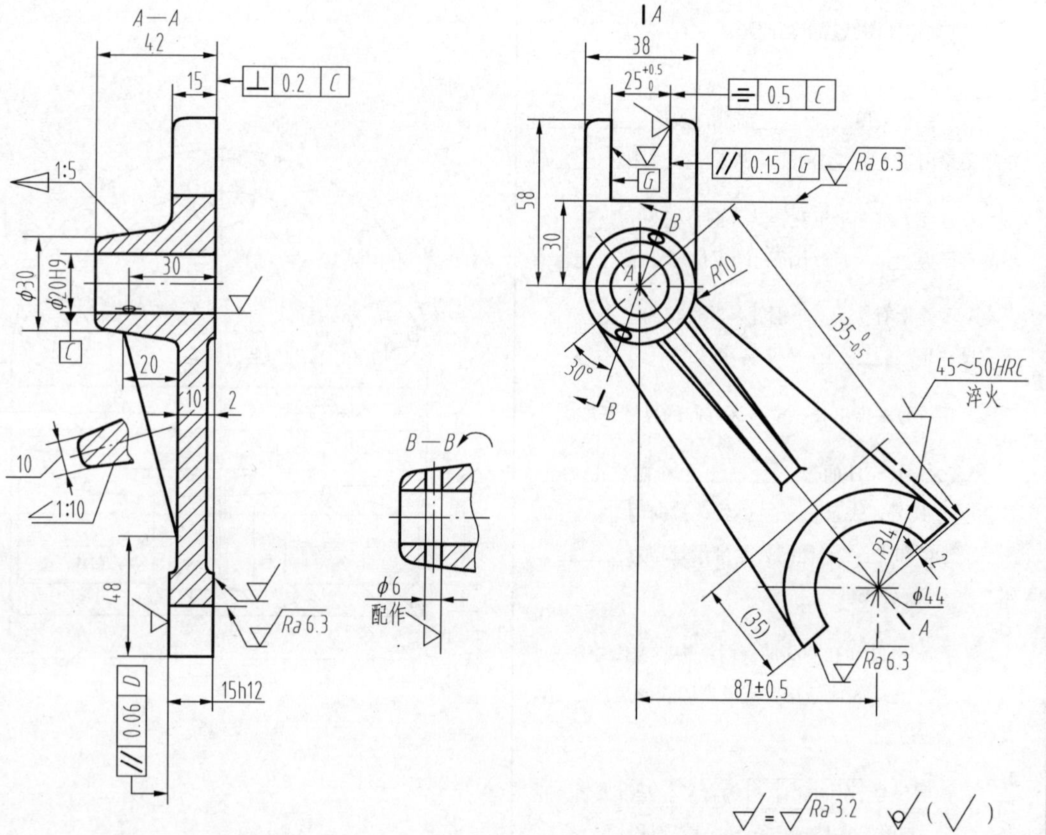

技术要求

未注铸造圆角 *R*1～*R*3。

拨叉	比例	材料	数量	（图号）
制图			（单位）	
校核				

8-11 读支架零件图

班级：　　　　姓名：　　　　学号：

读支架零件图回答下列问题。

1. 主视图采用了________剖视，表达________，左视图采用了________剖视，表达________和________。

2. 零件上有 3 个沉孔，其大圆直径为________，小圆直径为______，3 个沉孔的定位尺寸是______。

3. 零件上有______个螺孔，其标记为________，定位尺寸是________。

4. 用符号▲指出长、宽、高方向的尺寸基准。

5. 2×M10-7H 的含义：________个螺纹孔，M 是______代号，表示______螺纹，旋向为______，________径和______径的公差带代号均为________，属________旋合长度。

6. 孔 ϕ58H7 和孔 ϕ63 的表面结构要求代号分别为_____、_____。表面结构要求最严的表面是______，其代号为_______。

7. 说明代号 | // | ϕ0.01 | A | 的含义：基准要素是_____，被测要素是_______，公差项目是_______，公差值为_______。

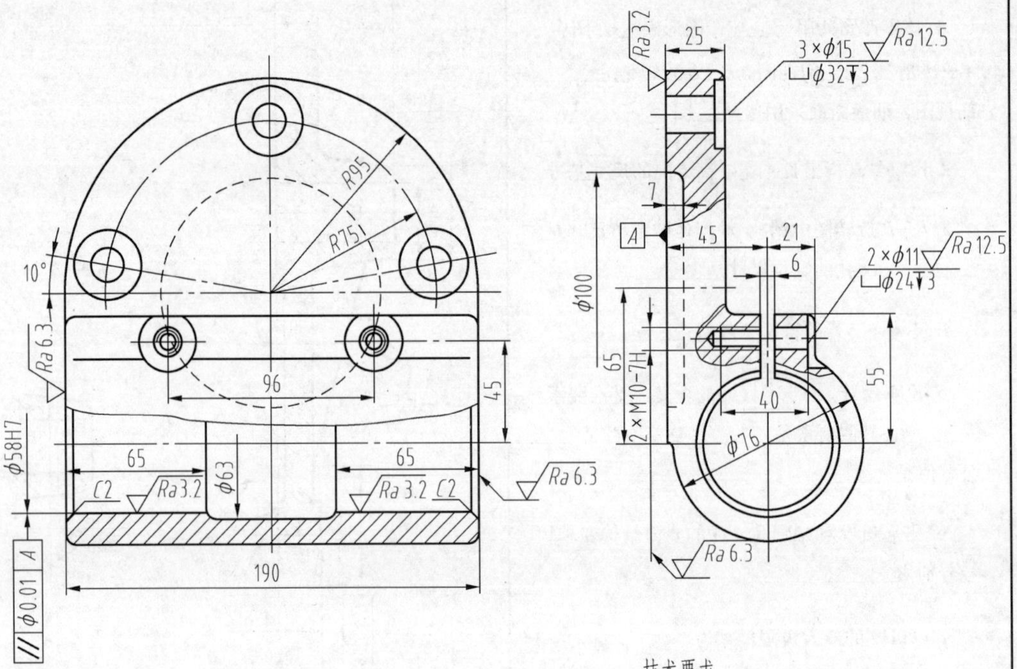

技术要求

未注铸造圆角 $R2$～$R3$。

$\sqrt{}$ ($\sqrt{}$)

支架		比例	材料	数量	（图号）
制图		（单位）			
校核					

第9章 装配图

9.1 拼画 G1/2 阀装配图	班级： 姓名： 学号：

一、G1/2 阀的工作原理

阀是用来控制管道中液体、气体流量大小的开关。要全部打开阀门（即管道进、出口全部接通）需旋转件 6 阀杆，使阀杆上 $\phi15$ 的孔与件阀体上的 $\phi15$ 的孔完全对正。由两孔对正的程度，来控制管道中流量的大小。

二、作业要求

1. 阅读 G1/2 阀的轴测装配图和示意图，并对照读懂各个零件图。

2. 按装配简图所示关系画装配图：

（1）采用 A3 图纸，用1∶1的比例画图；

（2）选好视图方案，表达清楚其结构形状和装配关系；

（3）标注装配图所需的尺寸；

（4）按规定编写零件序号及明细栏。

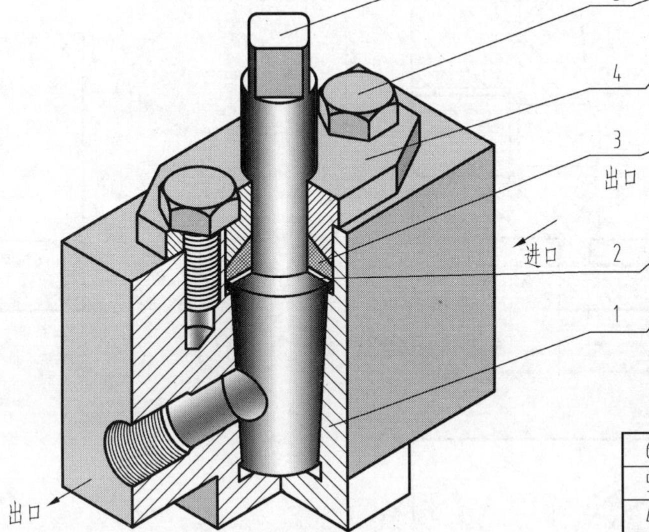

G1/2 阀的轴测装配图

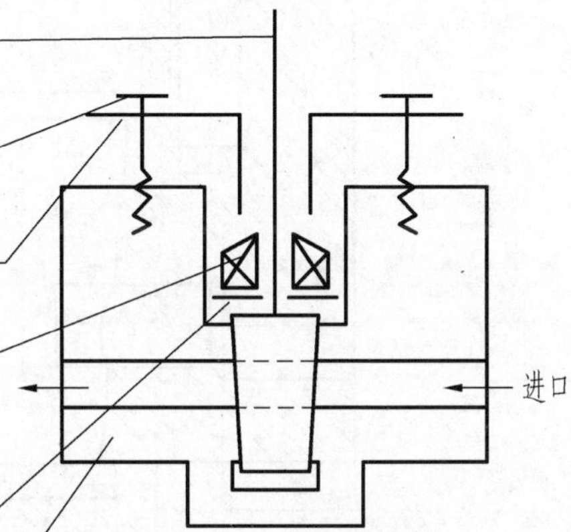

G1/2 阀的装配示意图

6		阀杆	1	65	
5	GB/T5782	螺栓M10×25	2	Q235	
4		填料压盖	1	Q235	
3		填料	1	石绵绳	无图
2	GB/T97.1	垫圈A18	1	Q235	
1		阀体	1	35	
序号	代 号	零件名称	数量	材 料	备 注

G1/2 阀		比例	
		图号	
制图			
审核			

9.1 拼画 G1/2 阀装配图	班级:	姓名:	学号:

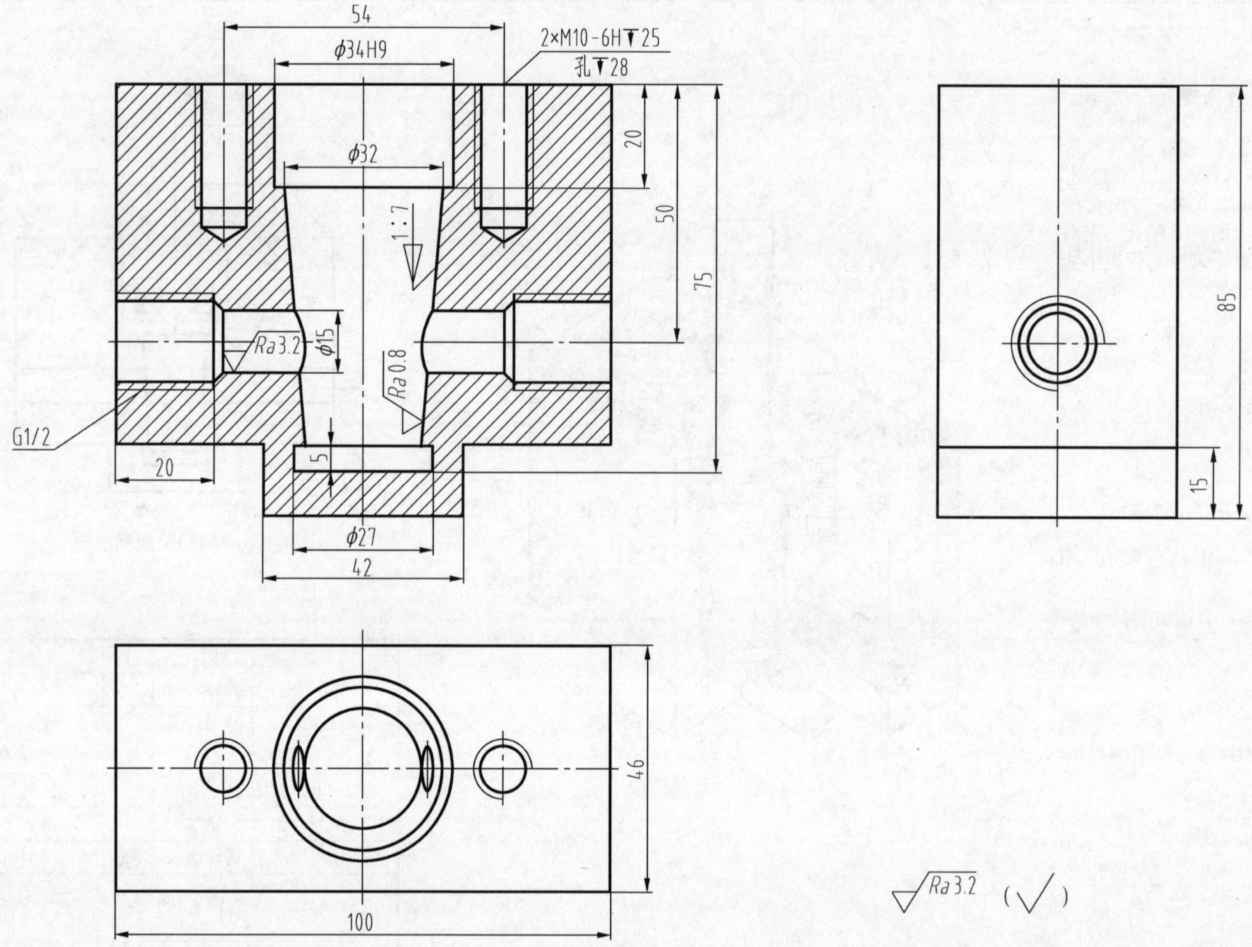

1	阀体	35	1件

9.1 拼画 G1/2 阀装配图 班级: 姓名: 学号:

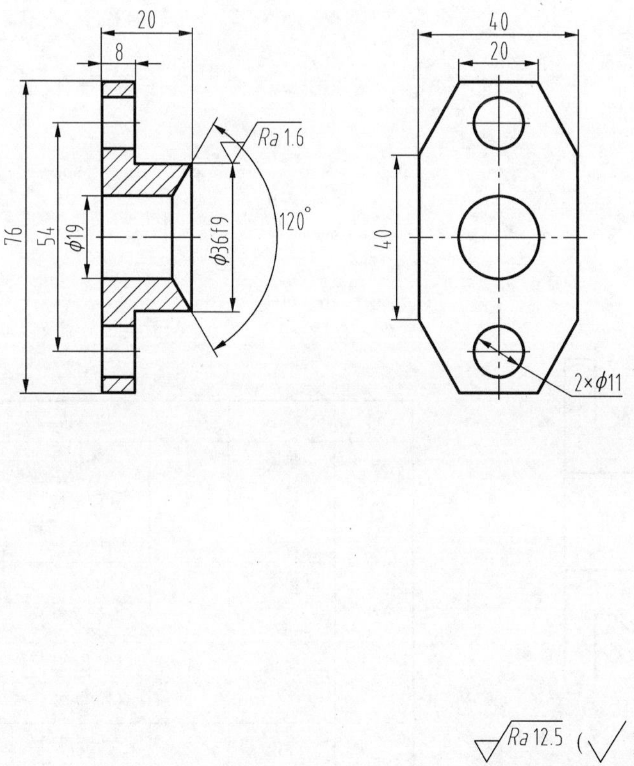

4	填料压盖	Q235	1件

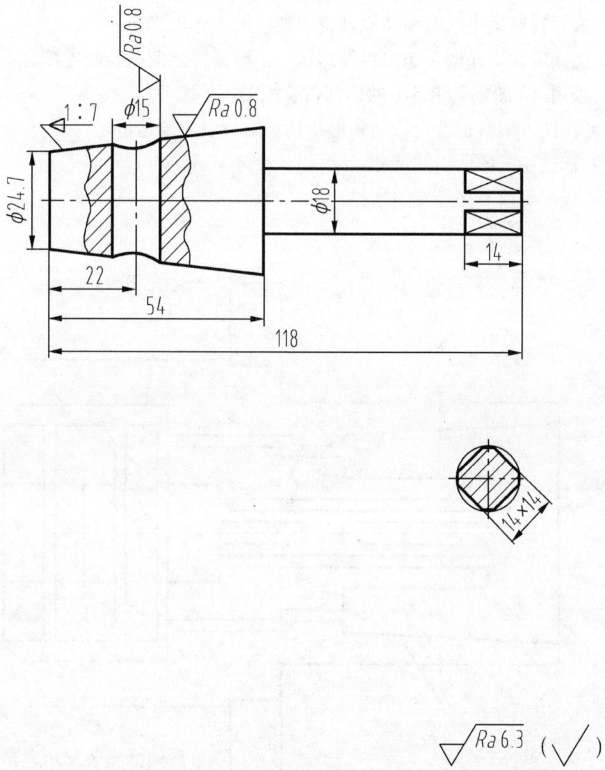

6	阀杆	65	1件

9.2 拼画高频插座装配图	班级:	姓名:	学号:

一、工作原理

高频插座是连接高频同轴电缆的部件。它的一端可以与高频插头连接，另一端可以焊装高频同轴电缆。通过外壳1的4个ϕ2.5的沉头孔可以将高频插座安装在面板上。在焊装高频同轴电缆时，是将同轴电缆穿入零件4、5、6、7、8的孔中，再将同轴电缆的内导体插入件2的轴向ϕ1孔中，从垂直ϕ1孔中进锡焊接的。

二、作业要求

1. 根据高频插座示意图及原理说明，了解工作原理。
2. 阅读零件工作图，想象零件形状，了解零件之间的装配连接关系。
3. 采用A3图幅，用5:1的比例画装配图。

（1）视图方案自己选定，结构形状和装配关系应表达清楚。

（2）标注装配图所需的尺寸。

（3）按规定编写序号及明细栏。

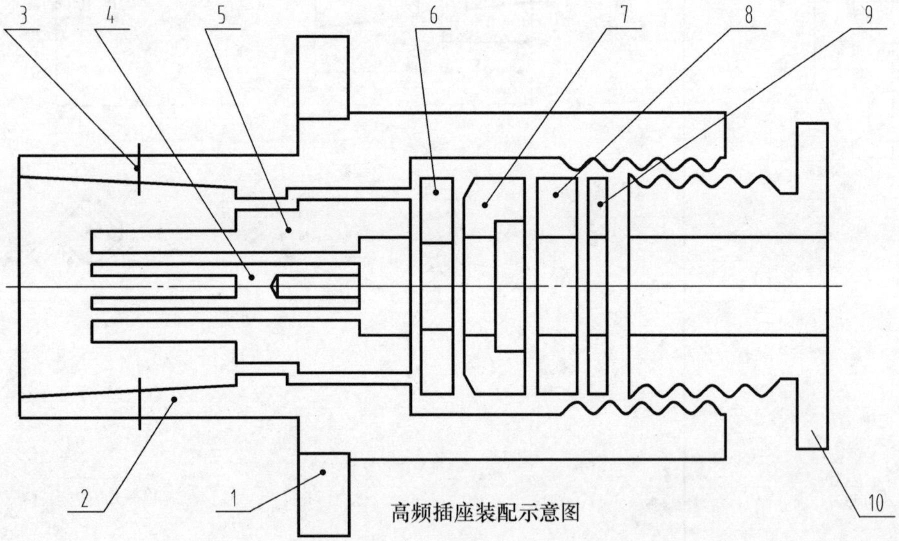

高频插座装配示意图

10	螺套	1	HPb59-1	
9	垫圈	1	H62	
8	垫圈	1	硅橡胶	
7	衬套	1	HPb59-1	
6	垫圈	1	H62	
5	介质套	1	聚四氟乙烯	
4	插孔	1	QBe-2	
3	销钉	2	HPb59-1	
2	壳体	1	HPb59-1	
1	固定板	1	H62	
序号	名 称	数量	材 料	备注

9.2 拼画高频插座装配图

班级：　　　　姓名：　　　　学号：

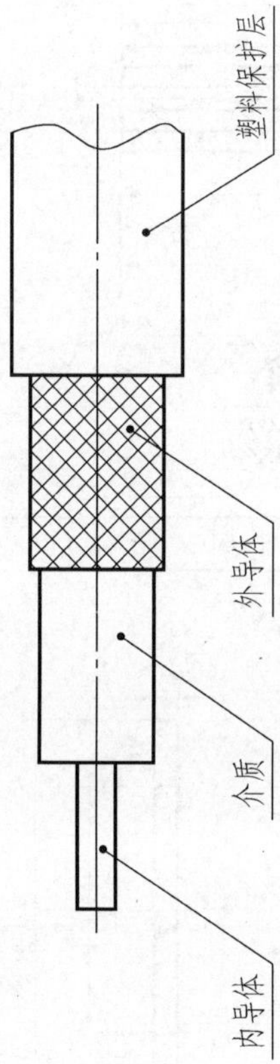

同轴电缆结构图

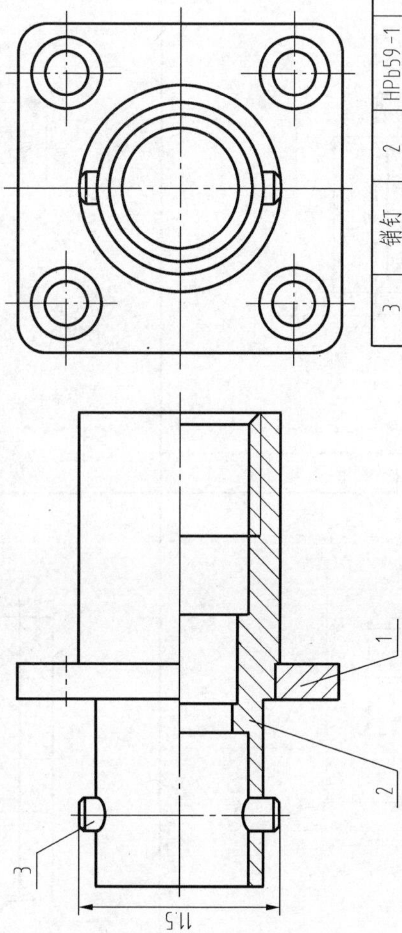

序号	名称	数量	材料	备注
3	销钉	2	HPb59-1	
2	壳体	1	HPb59-1	
1	固定板	1	H62	

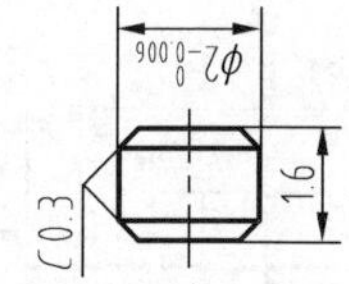

3	销钉	2件	HPb59-1	5:1

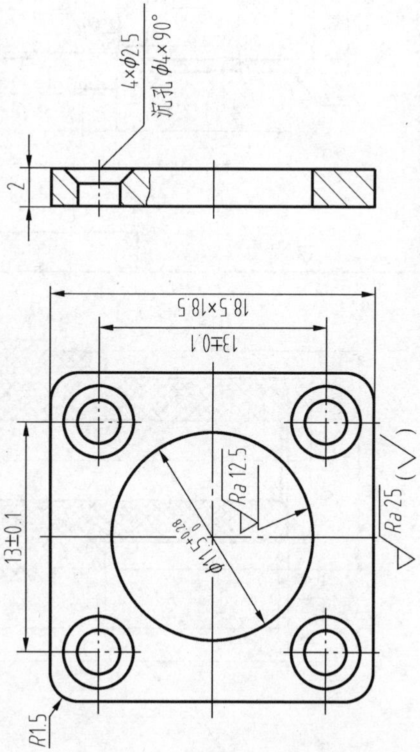

1	固定板	1件	H62	2.5:1

9.2 拼画高频插座装配图

班级： 姓名： 学号：

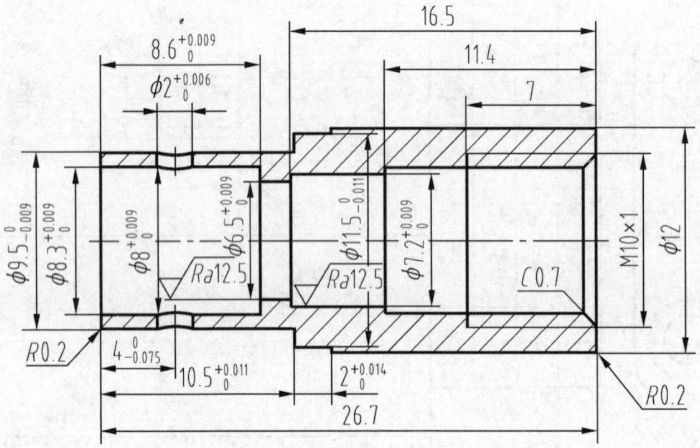

Ra 25 (√)

2	壳体	1件	HPb59-1	2.5:1

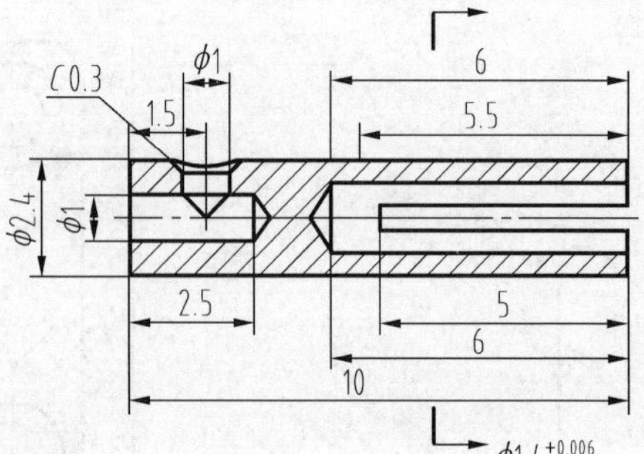

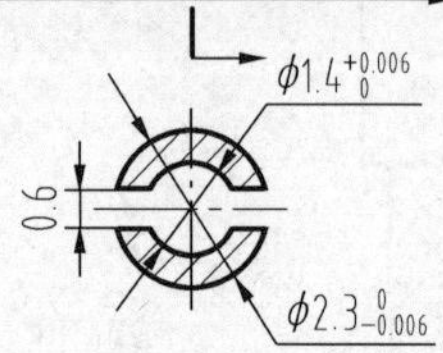

技术要求

1. 铣槽后收口。
2. 表面镀银。

Ra 3.2 (√)

4	插孔	1件	QBe-2	5:1

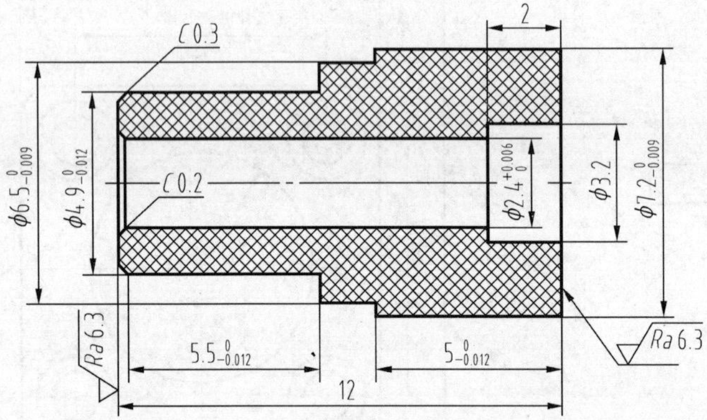

Ra 6.3 (√)

5	介质套	1件	聚四氟乙烯	5:1

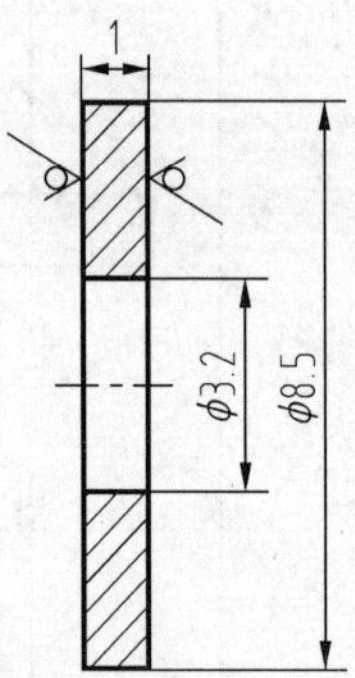

Ra 12.5 (√)

表面镀银

6	垫圈(一)	1件	H62	5:1

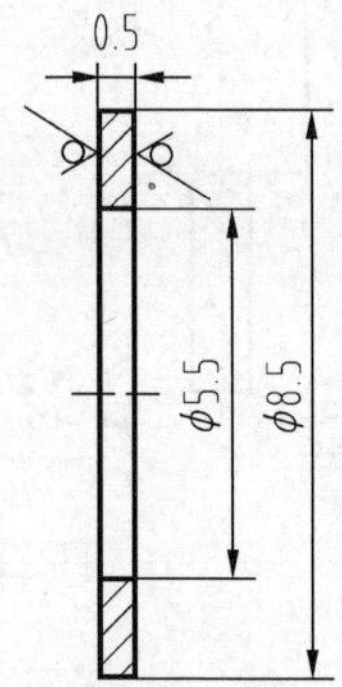

Ra 12.5 (√)

表面镀银

9	垫圈(三)	1件	H62	5:1

9.2 拼画高频插座装配图　　班级：　　姓名：　　学号：

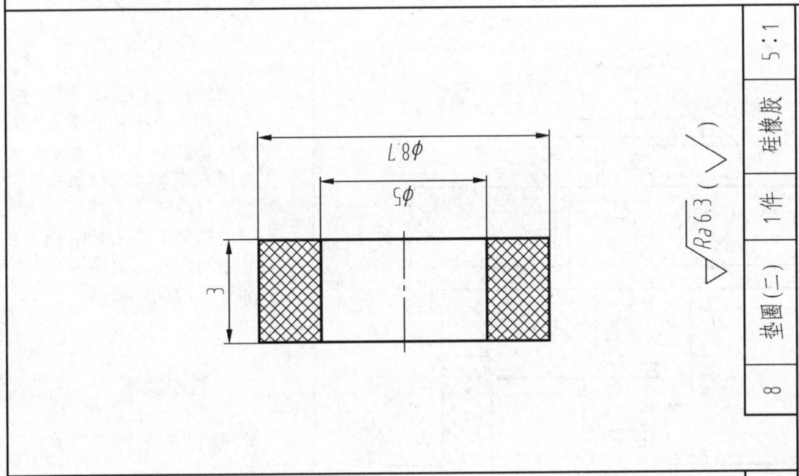

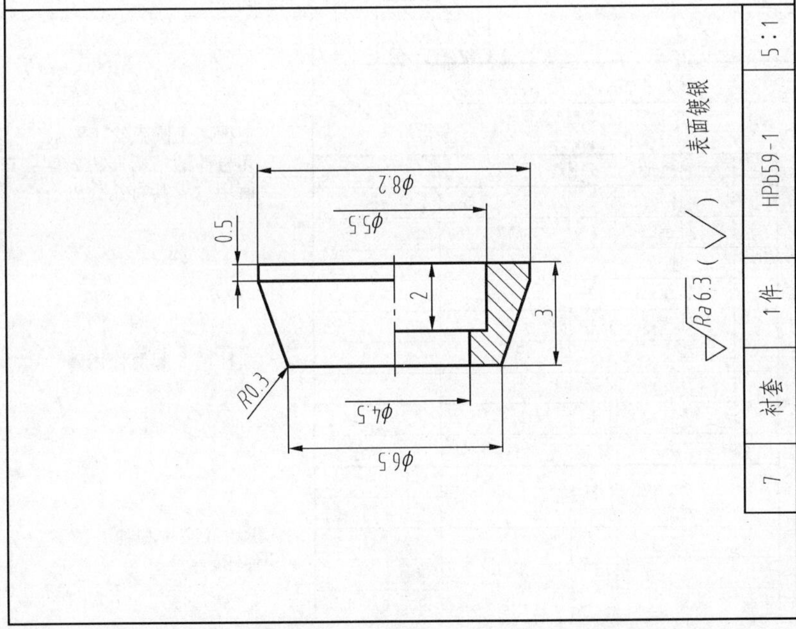

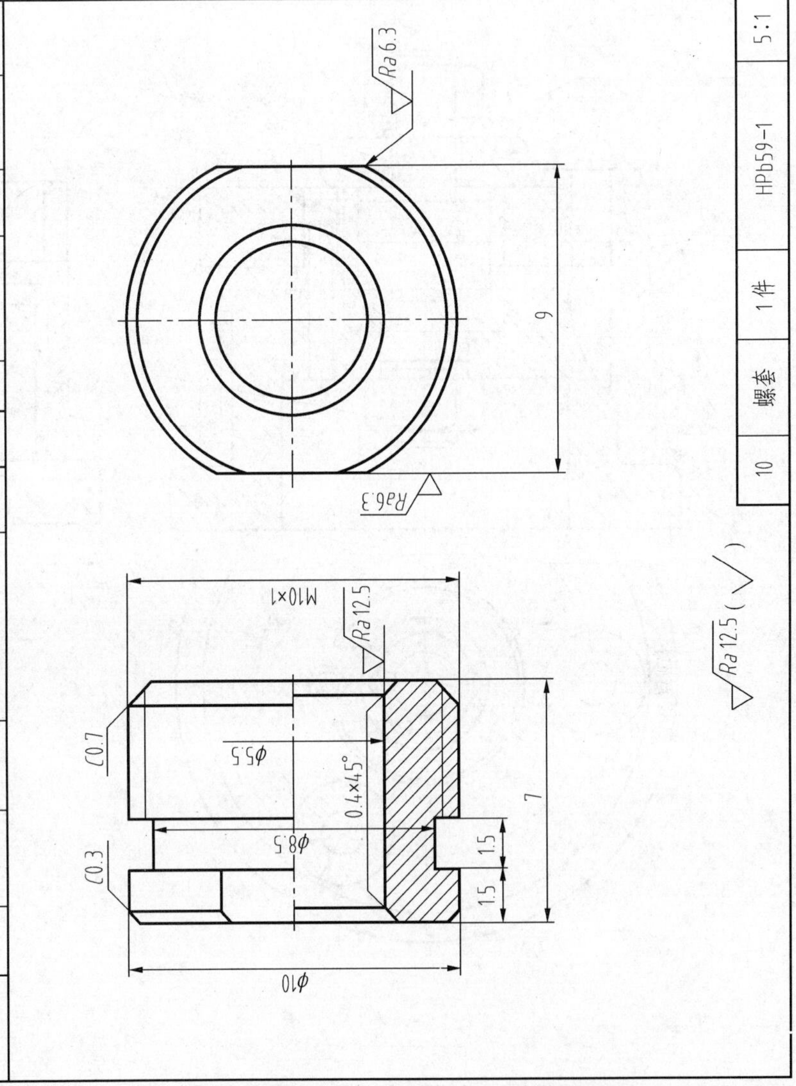

9.3 识读 120° 孔钻模装配图

班级：　　　　姓名：　　　　学号：

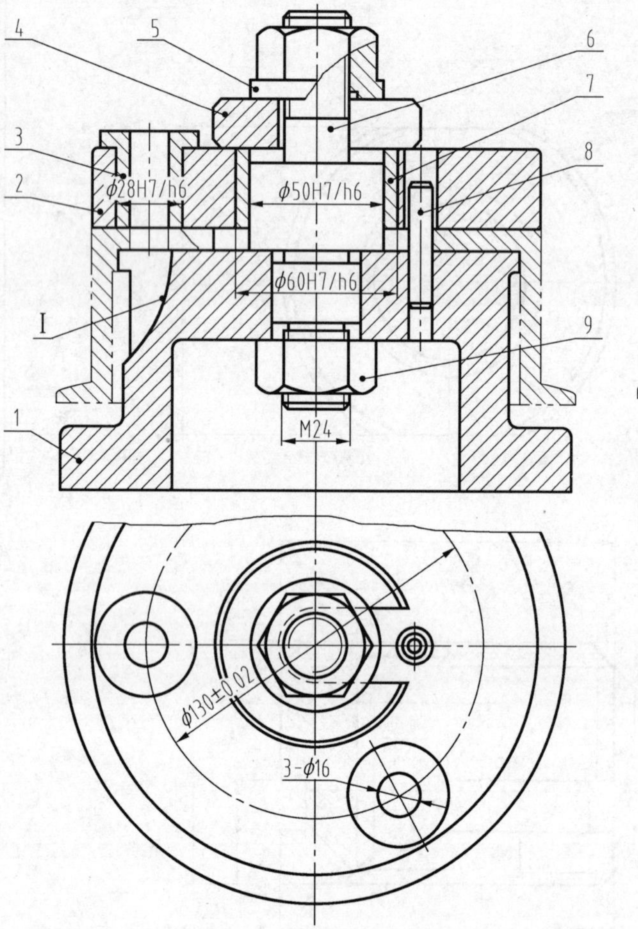

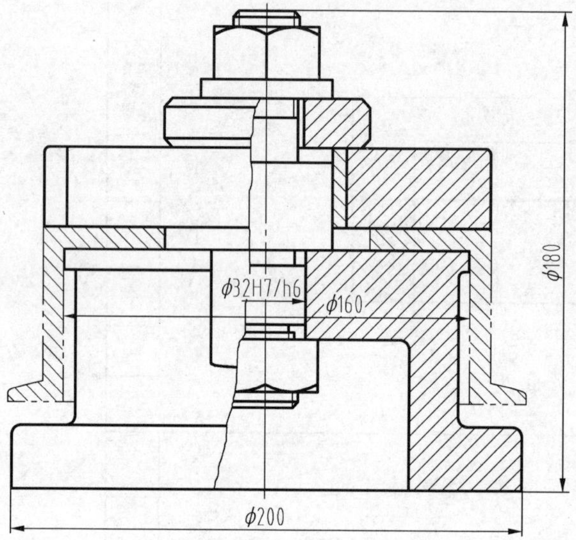

序号	名称	数量	材料	备注
9	六角螺母	1	35	
8	圆柱销	1	40	销ϕ5×27
7	衬套	1	45	
6	轴	1	40	
5	特制螺母	1	35	
4	开口垫圈	1	40	
3	钻套	3	T8	
2	钻模板	1	40	
1	底座	1	HT150	

120° 孔钻模			型号	
			图号	26—01
设计		（校名）	比例	1:1
绘图			重量	
审核			共 张	第 1 张

工作原理

该钻模是钻床上一种为具有均匀分布孔的圆盘类零件钻孔的专用工具。工件压在底座1和钻模板2之间，对准钻套3即可较准确地钻削工件上120°均匀分布的圆孔。更换钻套可加工不同直径的圆孔。

看图要求

1. 说明此钻模装卸工件的顺序。

2. 主视图上圆弧线 I 表示几号件的结构形状？有何用途？共有几处？

3. 圆柱销 8 起何作用？

4. 拆绘底座 1 和轴 6 的零件图。

第10章 电气原理图

班级:　　　　姓名:　　　　学号:

10.1 简答题

（1）电气图的定义是什么？

（2）在电气技术中，常见的电气图有哪几种？

（3）在电气制图中，基本图线宽度和间距应怎样选择？

（4）电气制图中的箭头有哪几种？各种箭头分别应用在什么场合？

（5）简图的绘制原则是什么？

10.2 根据下列图形写出其含义

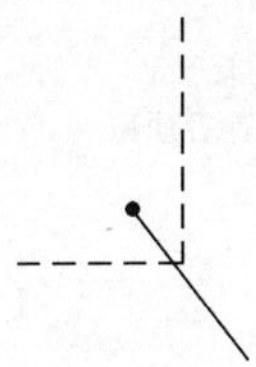

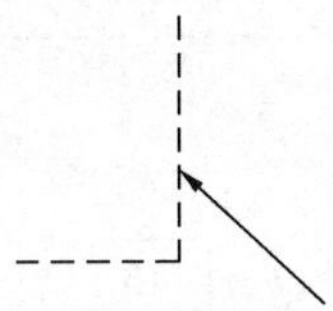

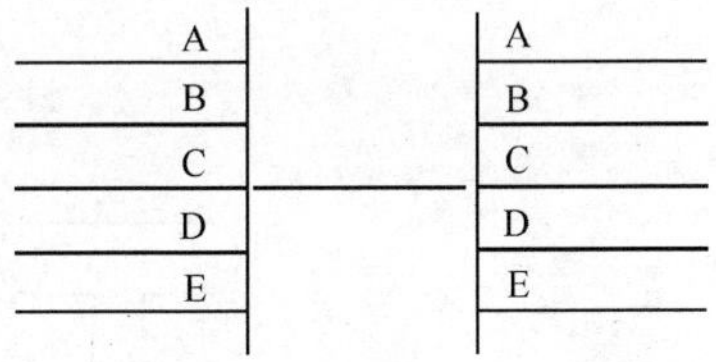

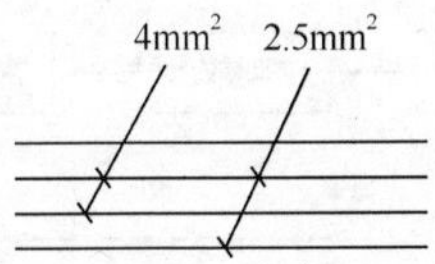

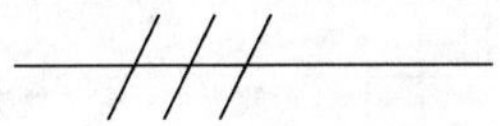

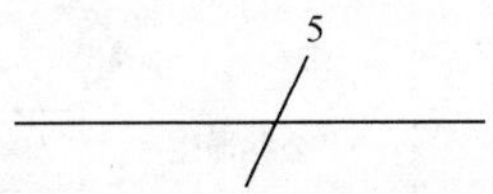

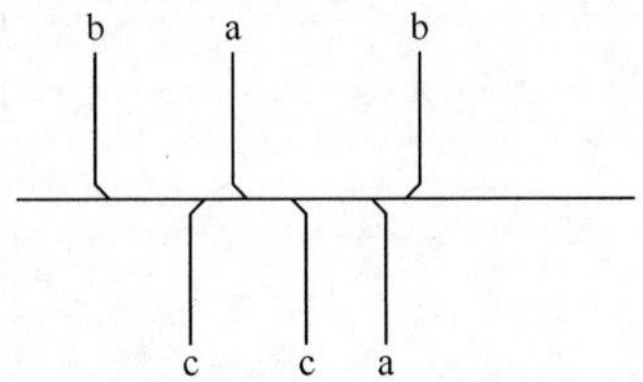

10.3 识别电气元件符号

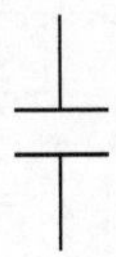

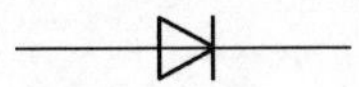

10.4 绘制电视接收机框图　　班级：　　姓名：　　学号：

选用 A3 图纸，以 2∶1 比例绘制框图。

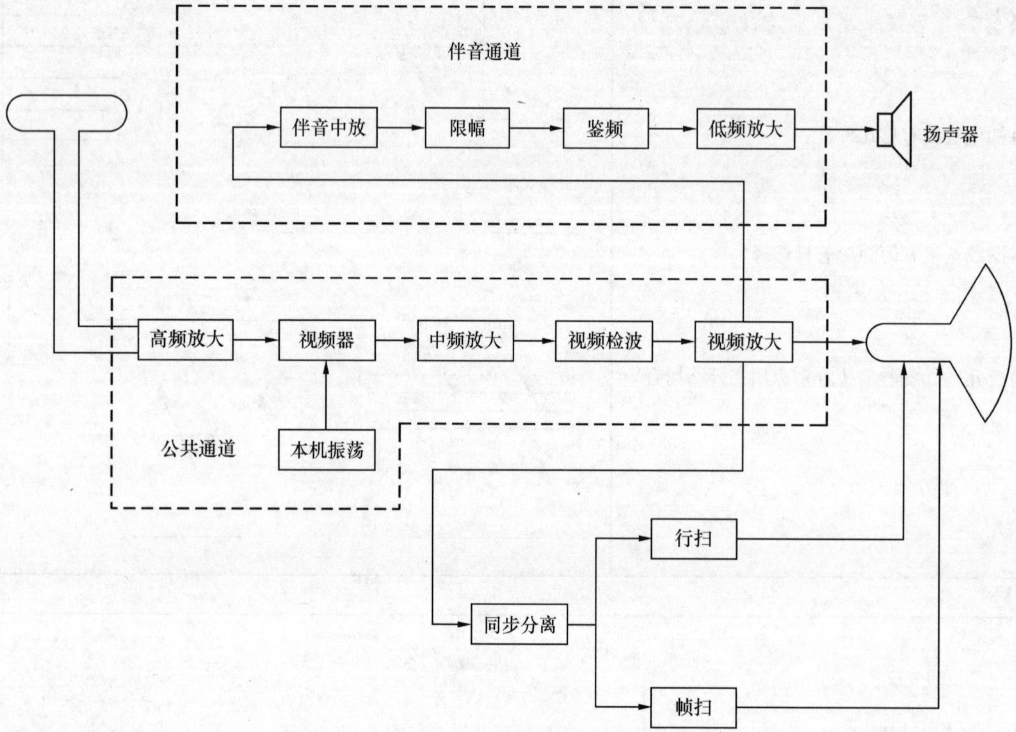

电视接收机框图

10.5 绘制电气原理图

班级:	姓名:	学号:

1. 在图下方按 1:1 比例绘制电气原理图。

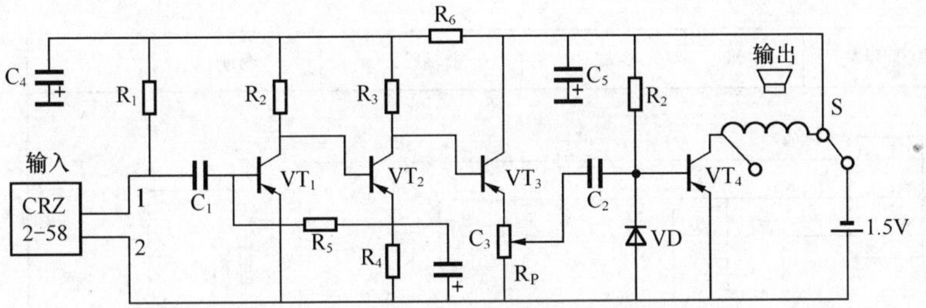

电子助听器电原理图

2. 在图下方按 1:1 比例绘制电气原理图。

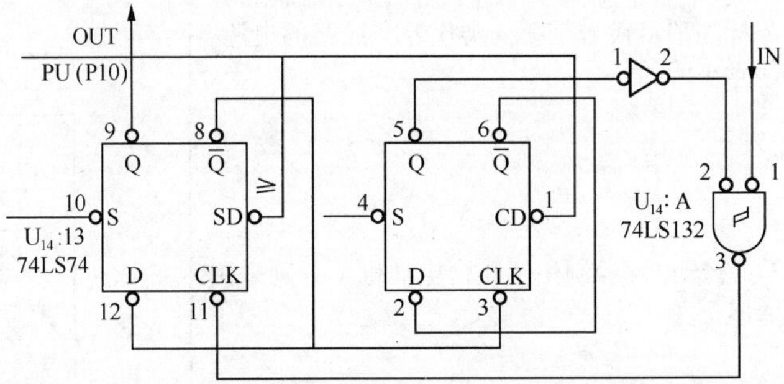

单脉冲触发器电原理图

10.6 识读电气原理图

班级:　　　　姓名:　　　　学号:

识读 C-620 车床控制线路图，并回答下列问题。

（1）这个图是怎样分区的？图形采用哪种布线方式？标注项目代号是哪一类代号？线路的电源是怎样表示的？

（2）车床电气控制用了几台电动机？分别采用了哪些保护？

（3）将控制回路的线号标出。

（4）分析主轴电动机工作的控制过程。

（5）S1、SR1、SR2、FR1、FR2 各起什么作用？

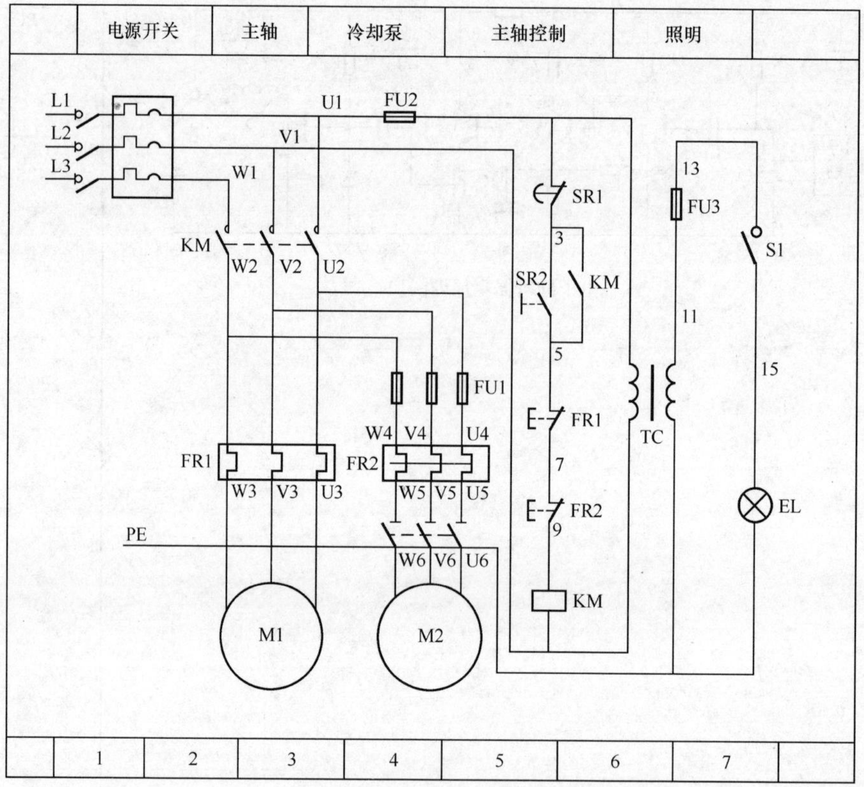

C-620 车床控制线路图

10.7 绘制接线图

班级：　　　　姓名：　　　　学号：

选用 A3 图纸，按 2:1 的比例绘制接线图。

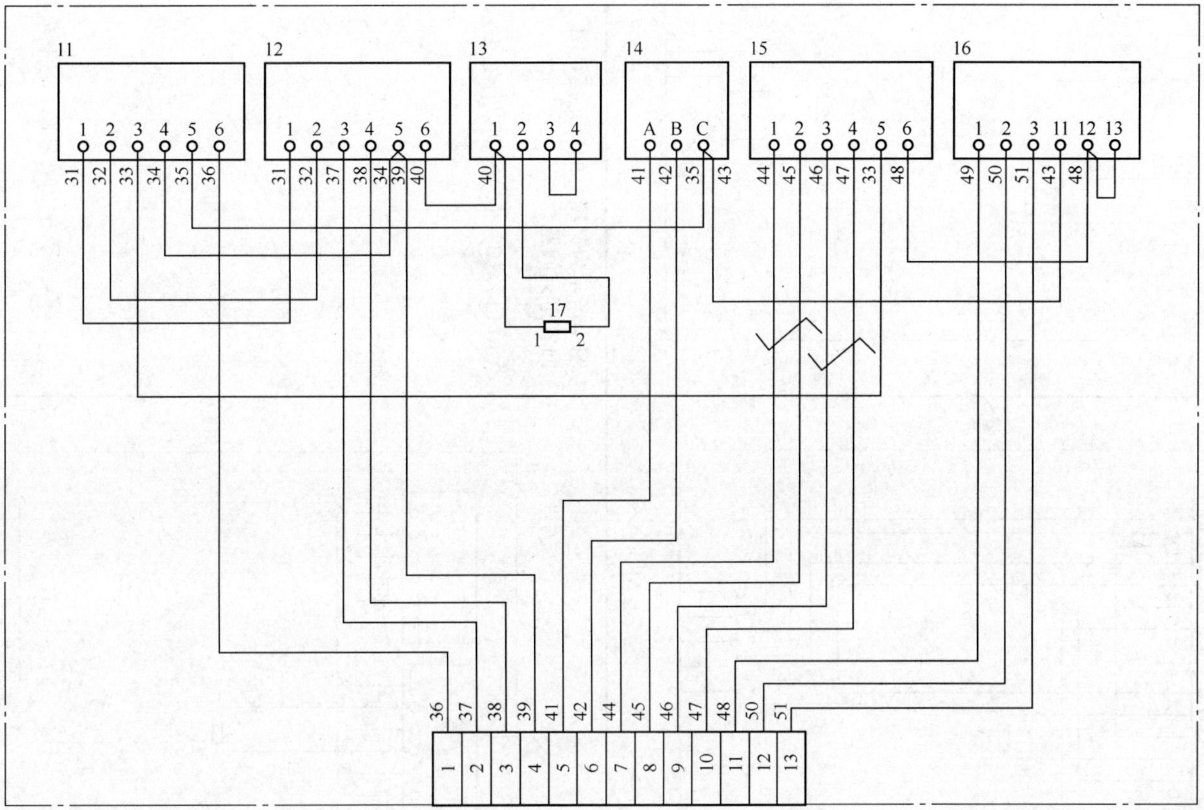

10.8 读图并回答问题

班级： 姓名： 学号：

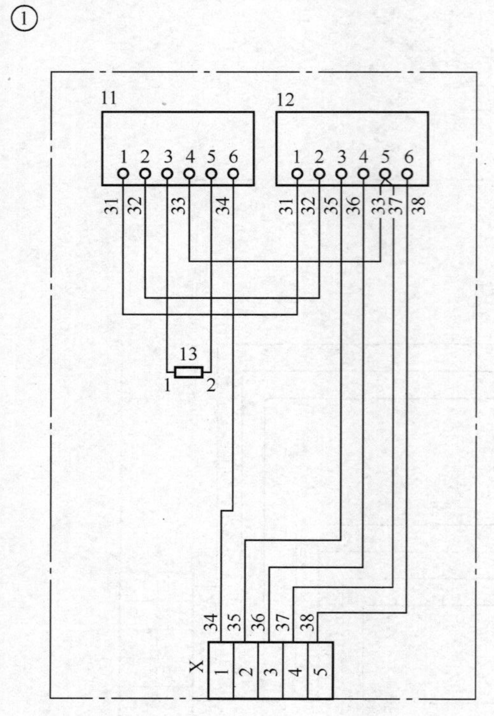

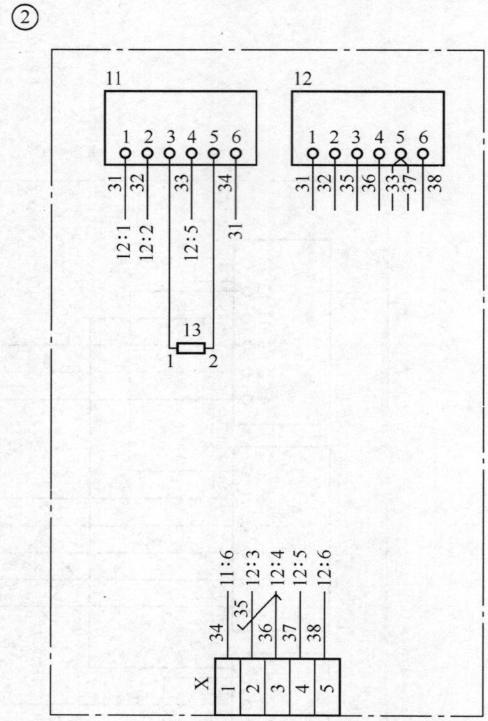

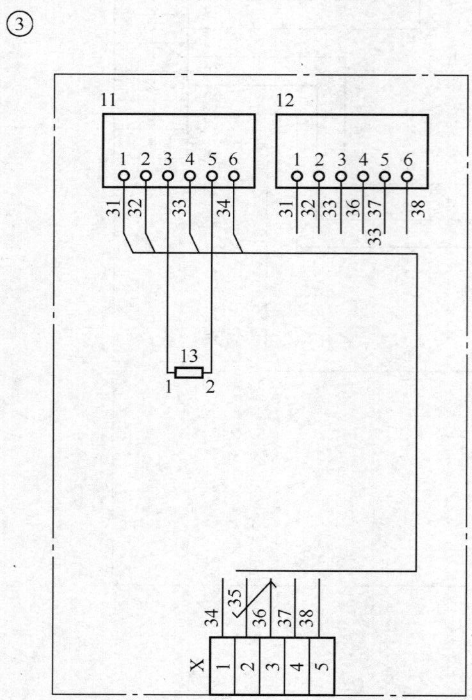

图中所示为某项目的单元接线图。识读此图，回答下列问题：

（1）①、②、③分别以什么表示？

（2）②、③图均有缺陷，试将它们修补完整。

10.9 识读单元接线图	班级： 姓名： 学号：

根据上题某项目的单元接线图将下表补全。

线缆号	线号	线缆型号及规格	连接点 I			连接点 II			附注
			项目代号	端子号	参考	项目代号	端子号	参考	
	31		11	3		12	1		
	32								
	33								
	34								
	35								T1
	36								T1
	37				33				
	38								
	—		11	3		13	1		
	—		11	5		13	2		

10.10 绘制电路板图	班级:	姓名:	学号:

选用 A4 图纸绘制印制电路板图。

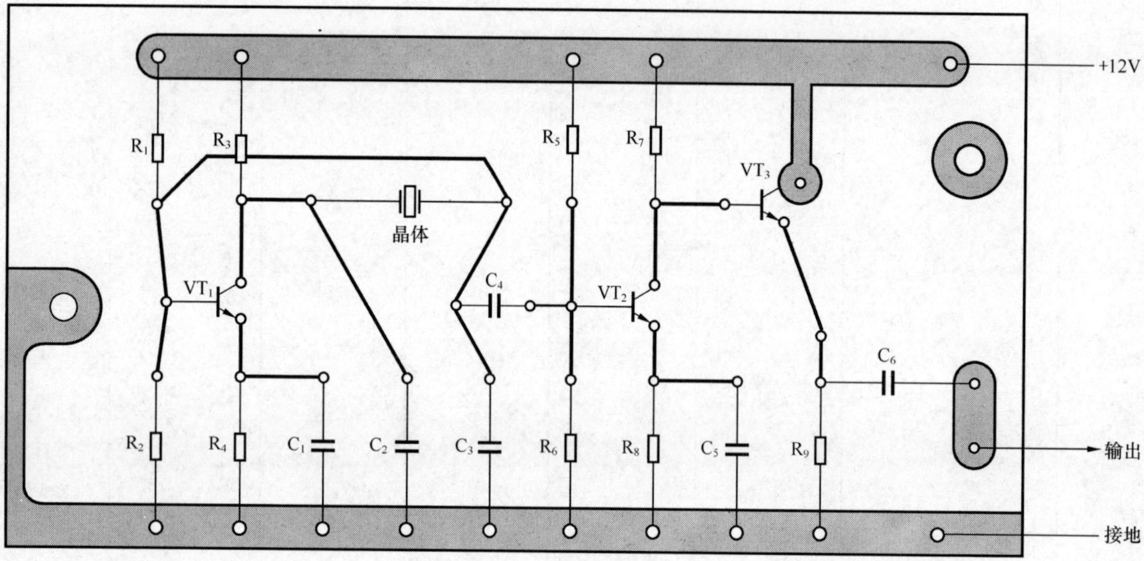

10.11 读图并回答问题

班级：　　　　姓名：　　　　学号：

①

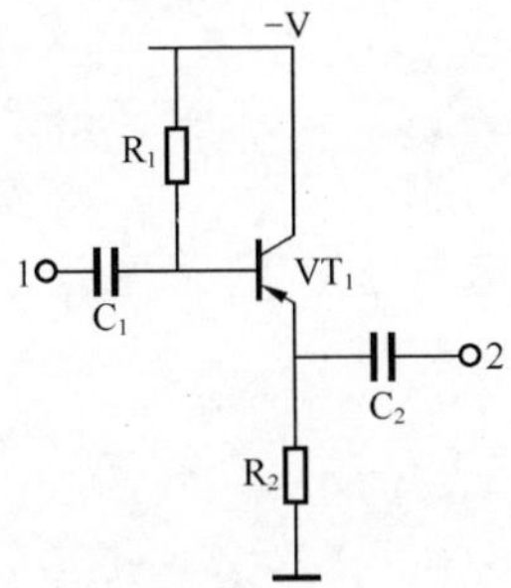

②

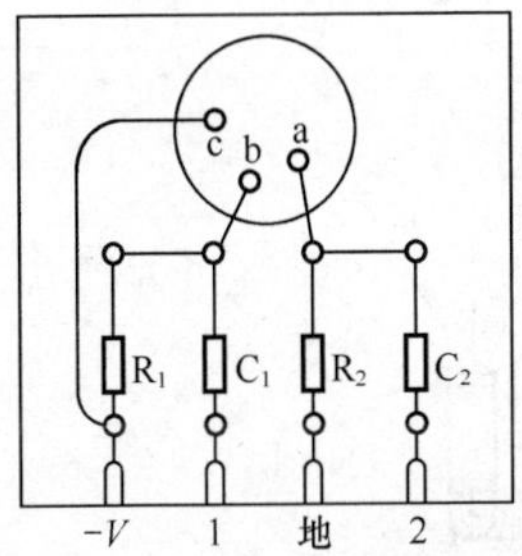

③

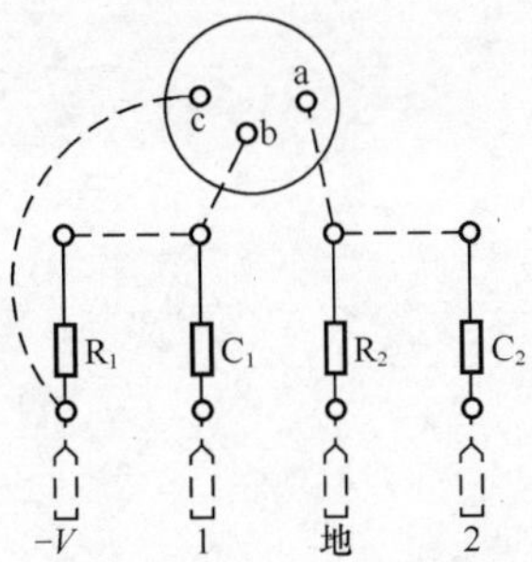

④

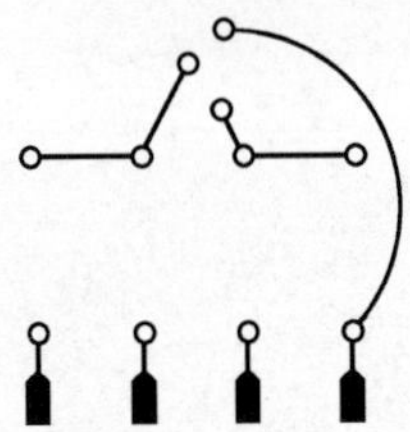

1. 以上图形为电子电路中的单管放大电路，请分别标出其名称。

2. ③ 图中为什么底板的布线用虚线表示？

3. 哪个图反映了印制板的实际情况并可供拍照制版用？

4. 印制板机加工图根据哪个图绘制，它着重表达了什么？

5. 绘制印制板图时，应注意哪几个方面？

11.12 绘制图例式线扎图

班级:　　　　姓名:　　　　学号:

根据结构式线扎图，按 1:1 比例绘制成图例式线扎图。

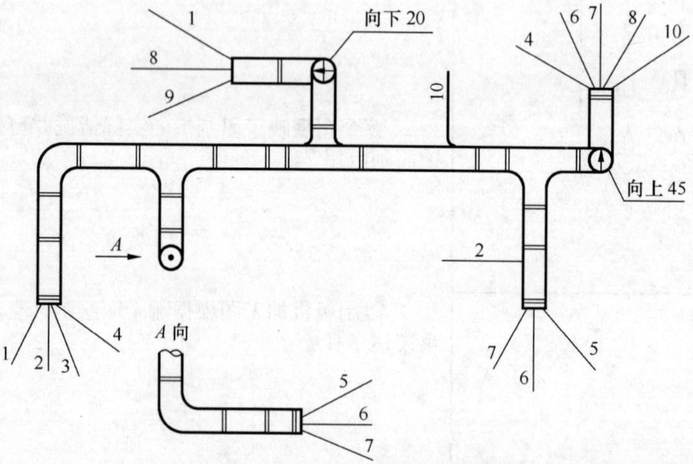